实用养兔技术图说

（第4版）

庞 本 刘 科 林 峰 马秀芹 主编

河南科学技术出版社
·郑州·

图书在版编目（CIP）数据

实用养兔技术图说 / 庞本等主编. --4版. -- 郑州：河南科学技术出版社，2024.9.--ISBN 978-7-5725-1526-2

Ⅰ.①实…　Ⅱ.①庞…　Ⅲ.①兔-饲养管理-图解　Ⅳ.①S829.1-64

中国国家版本馆CIP数据核字（2024）第097616号

出版发行：河南科学技术出版社

地址：郑州市郑东新区祥盛街27号　　邮编：450016

电话：（0371）65737028　65788631

网址：www. hnstp. cn

策划编辑：陈　艳　杨秀芳

责任编辑：陈　艳

责任校对：耿宝文

封面设计：张德琛

责任印制：徐海东

印　　刷：河南美图印刷有限公司

经　　销：全国新华书店

开　　本：890 mm × 1 240 mm　1/32　印张：8　字数：220千字

版　　次：2024年9月第4版　2024年9月第1次印刷

定　　价：32.00 元

《实用养兔技术图说》（第4版）编著人员

主　编：庞　本　刘　科　林　峰　马秀芹

副主编：段天奎　翟树明　庞晓涵　陈玉霞　张庆立

编　委：（按姓氏笔画排序）

马秀芹　刘　科　刘瑞娟　张庆立　陈玉霞

林　峰　庞　本　庞晓涵　庞高尚　赵　晗

段天奎　禹淑梅　翟树明

前言

改革开放以来，我国经济快速发展，养兔业也由原来的小农户饲养，向工厂化、规模化、产业化发展，特别是獭兔，经过多年的努力，由20世纪80年代以前的观赏动物，形成了今天的育种、饲养、屠宰、兔肉加工、兔皮鞣制、服装加工销售出口的产业链条，改变了过去兔产品单纯依赖出口的状况，拉动了国内市场消费，形成了出口和国内消费两步走的产业化格局。

养兔业走进的是农村，贴近的是农民，增加的是农民收入，在我国部分地区已成为支柱产业，为建设和谐、富裕新农村做出了贡献。

养兔业是投资少、见效快、经济效益高的产业，可小规模家庭饲养，也可大批量工厂化生产，其经营模式可自繁自养、自产自销，也可以“公司+基地+农户”或“兔业合作社”的形式有组织、有计划地生产、收购、加工和销售出口。

家兔饲料以草和农副产品下脚料为主，不与人类和其他养殖业争粮，符合国家提倡发展节粮型畜牧业的政策和指导精神。随着人们思想观念和生活水平的日益提高，兔肉的高蛋白、高磷脂、高消化率和低脂肪、低胆固醇、低尿胺的“三高三低”特点，越来越被人们认识和接受。常吃兔肉有利于人类身体健康。随着世界环保组织和各国对野生动物保护力度的加大和禁猎，獭兔皮“轻、柔、细、密、短、平”、保暖性能好的特点正适合人们对时尚的需求，因而兔皮服装和兔毛制品的需求逐步上升，为养兔业的发展提供了广阔的市场和良好的前景。但是，应该注意的是，兔产品商品性强，市场竞争激烈，兔产品的销售在一定程度上还受国际市场的制约和气候的影响，并存在环保瓶颈和产销脱钩、价格不稳等问题。因此，养兔者要克服错误的思想观念，要有风险意识，以平和的心态去面对，以市场为导向，切实把握市场经济的发展规律。特别是根据当前国内外市场对优质兔产品的需求转变，进行人性化饲养，使兔肉和兔皮毛制品达到无药物残留、无公害的绿色环保标准。兔业发展要因地制宜、因人制宜，一切从客观实际出发。我国兔业，特别是獭兔发展曾几起几落。主要是大多数养兔者缺乏市场和质量意识，不按质量要求去饲养，墨守传统的饲养方式，不懂得市场经济规律，看到兔产品价格高时，大量投资而不注重产品质量，结果供大于求，使价格下跌，养兔者便急于卖兔，造成价格雪上加霜。应该说，在养兔处于低谷（价格便宜）时，优化兔群结构，提高种兔质量，少卖多买；在养兔高潮时要多卖少买，最后只留优质和生产性能好的种兔繁殖生产，并持之以恒，大胆探索，敢于创新，走生态循环养兔之路。这样才可赢得价格优势，获得好的经济效益。

我们从事养兔40多年，把自己的知识和长期生产积累的经验，根据农村和社会需要汇集成了《实用养兔技术图说》一书。该书自2001年正式出版发行之后，笔者曾先后收到数千封来信和上万次咨询电话，有技术求助的，有信息咨询的，更多的是希望笔者为他们提供优良种兔供种单位、可靠疫苗生产厂家及相关机械和配套服务单位。当笔者应邀到全国各地一些兔场进行技术指导时，或在各地的养兔技术培训班上，其负责人和饲养技术管理人员及农户都要求亲自到田间进行那些有药用价值的野生植物识别；很多读者打来电话：“该书修订时一定要增加这方面的图片，我们太需要了！”所以，在这次修订中，应各地读者的迫切要求和当前推行绿色、无公害饲养的形势，笔者增加了这方面的内容，以便读者更直观、更快捷地通过这本书达到自己的目的。

本书以图文并茂的形式介绍了养兔者必须了解的基本技术，主要有品种介绍、家兔饲养的必要条件、经营诀窍、饲养方式、管理技术、繁殖技术、饲料调配与加工、养兔笼具设备。为了把复杂的兔病简单化，把复杂的饲料配方简单化，还增加了实践证明质量可靠的全价饲料、预混合饲料、药物添加剂、兔病防治关键技术和相关信息等。

本书词句优美，语言精练，歌诀合辙押韵、朗朗上口，绘图逼真、栩栩如生，简单实用。一幅图，一句话，都有很深的文化内涵。望读者能以成功者的思想认真品味其中的奥妙，从中汲取成功的源泉。

由于我们水平有限，书中不妥之处，敬请专家、同仁、读者批评指正。

编者

2024年3月

目　　录

一、为什么要养兔

家兔是草食小动物，各种野杂草、农作物秸秆、树叶及农副产品下脚料等家兔都喜欢吃。养兔具有投资少、见效快、成本低、经济效益高的优点，既可小规模饲养，又可大批量发展。不用油、不用电，家家户户都能干。并且养兔设备简单，技术容易掌握，可以说养兔是振兴农村经济，使农民尽快发家致富的好门路。

家兔以吃草为主，生长发育快，性成熟早，繁殖力强。通常1只仔兔满月时体重可达到0.5千克左右，3月龄达到2.5千克左右，4～5月龄开始性成熟，7～8月龄即可配种繁殖生产。一般1只母兔1年可产5～6胎或以上，共产下仔兔40只左右。这种繁殖速度和产肉量是许多家畜所不能比的。

兔肉的营养价值极高。兔肉中蛋白质的含量在21%以上，可消化率高达85%，磷脂含量高。兔肉又具有低脂肪、低胆固醇和低尿胺的“三低”特点。兔肉是理想的食疗和营养珍品，兔的内脏又是贵重的制药原料。

兔毛是高级的纺织原料，出口和内销量很大。

獭兔皮是贵重的裘皮原料，可取代野生动物皮，獭兔皮服装是当前人们时尚追求的裘皮服装。

兔粪是高级的有机肥料。实践证明，每10只成兔积肥量，相当于1头成猪的积肥量。每100千克兔粪尿约相当于11千克硫酸铵和1.8千克硫酸钾，兔粪的氮、磷、钾含量均比其他畜粪高。兔粪经过消毒后可以作猪和鱼的饲料，大大降低了养猪、养鱼的成本。

裘珍肉香浑身宝，毛柔色丽脏制药。

化解三农搞养兔，利国利民实在好。

兔的食物

各种野杂草

各种树叶

农作物秸秆

农副产品下脚料

二、家兔的品种介绍

（一）肉用兔品种

肉用兔生长速度快，出肉率高，其宰杀胴体在54%以上，瘦肉多，肉质细嫩，营养丰富。

1.新西兰兔

该品种原产于美国，为世界著名的肉用兔和实验用兔。新西兰兔是由比利时佛兰德兔、美国白兔、安哥拉兔等几个品种杂交培育而成的，毛呈白色，眼珠红色，头大方圆，粗腰大臀，四肢强壮有力，后躯发育优良，因而出肉率高。早期生长发育快，2月龄可达2千克以上，75~90日龄可达2.5~3千克出栏。成年体重4~5千克。笔者自1989年进行专门培育，成年体重已达5~6千克。该品种因生长发育快，耐粗饲，抗病力强，产仔多（年产6~7胎，胎产仔7~9只）而备受饲养者的青睐。河南省开封市高尚兔业技术研究所为河南唯一一家新西兰兔育种单位。

2.比利时兔

该品种俗称比利时野兔，原产于比利时佛兰德，后输入英国选育而成，是一个比较古老的大型肉兔品种。比利时兔的毛色属野生类型，酷似中国野兔，毛色为棕黄色，或深或浅。眼珠黑色，耳大直立，耳尖带有光亮的黑色毛边，身躯及四肢较长，头似马头，胸腹紧凑。成年体重4.5~6.5千克，最高可达9千克。年产6~7胎，胎产仔7~9只。该品种生长发育快，耐粗饲，抗病力与适应性强，易粗放饲养。骨骼细小，肌肉丰满，肉质细嫩，味道鲜美。在当前人们追求绿色消费的情况下，是一种理想的肉用兔品种，是当前我国出口兔肉最受欢迎的品种之一。

3.加利福尼亚兔（八点黑）

该品种被毛白色，双耳、鼻端、四脚和尾巴八处为黑色和深褐色。眼珠呈粉红色，体型略小于新西兰兔。性情温驯，早熟易肥。泌乳力、产仔率都很高，平均胎产仔7～8只。成年兔体重3.5～4.5千克，肌肉丰满，屠宰率高。八点黑色随季节而变化，哺乳期为浅色，换毛结束后逐渐变黑，夏季由深变浅，冬季由浅变深。

4.公羊兔（垂耳兔）

该品种多数被毛棕色或褐色。两耳特别大，可下垂至胸的两侧，头形像公羊。肌肉发达。成年体重为6～8千克，最大可达10～12千克。平均每胎产仔7～8只，90天体重2.5～2.75千克。有英、法、德三系，还有黑、白、黄三色。耐粗饲，抗病力强，性情温驯，易于饲养。但迟钝，不爱活动，受胎率低，哺乳力不强。

新西兰兔

世界名兔新西兰，适应性强为首选。
前期生长发育快，肉用医药做实验。

比利时兔

个大骨细比利时，家养野兔有价值。
裘珍肉香无公害，多养等于把钱拾。

加利福尼亚兔

八点黑兔是俗号，泌乳力强母性好。
代养它仔做保姆，品质优良成熟早。

公羊兔

两耳下垂似公羊，被毛特征色棕黄。
个大头粗臀背圆，性情温驯好饲养。

（二）皮肉兼用兔品种

该类品种既可产肉又可用皮，饲养方法与肉用兔有许多相同之处。

1.豫丰黄兔

豫丰黄兔是河南省农业科学院畜牧兽医研究所与清丰县科委，利用动物遗传理论和家兔杂交优势，历经8年努力，杂交培育出的地方优良肉兔新品种。因该品种全身被毛黄色，且在河南清丰县育成，1994年12月通过省级鉴定，被命名为“豫丰黄兔”。该品种先后获得“河南省星火科技二等奖”“河南省农村科技博览会金奖”“全国星火科技博览会银奖”荣誉称号。2006年末，科技部批准为国家级星火项目。

豫丰黄兔以其独特的外貌特征区别于其他肉兔品种。全身被毛黄色，腹部漂白色，毛短平光亮，靠板皮有一层茂盛的短绒，兔毛不易脱落，是上等的裘皮服装原料。头椭圆形，面目清秀，耳大直立，两眼有神，齐嘴头，背腰长，后躯丰满，四肢强壮有力，成年母兔颈下有明显的肉髯。年产6~7胎，胎产仔8~10只。泌乳力强，育成率高，耐粗饲，抗病力强。早期生长发育快，肉质佳，无腥味，是目前较受欢迎的天然无公害皮肉兼用兔新品种。

2.青紫蓝兔

青紫蓝兔是我国最早引入的著名皮肉兼用兔，分大、中、小三个品系。其共同特征是：眼珠呈蓝色，身躯长，耳大且尖，毛色为灰蓝色，尾背为黑色，眼周围、尾底面、腹下及颈后的毛色较浅，呈灰白色。每根毛色从基部到毛梢，分为深灰、乳白、浅灰、雪白和黑色五段颜色，吹开被毛会呈现出一个彩色美丽的轮状旋涡。不同之处是在于标准型青紫蓝兔颜色较深，呈灰蓝色，并有明显的黑白相间的波浪纹，耳大直立，颈下无肉髯；中型青紫蓝兔和巨型青紫蓝兔的公母颈下都有明显的肉髯，并且巨型青紫蓝兔常出现一耳直立、一耳下垂的个体。标准型青紫蓝兔成年体重，公兔为2.5~3.4千克，母兔为2.7~3.6千克。中型公兔为4.1~5.0千克，母兔为4.5~5.4千克。巨型公兔为5.4~6.8千克，母兔为5.9~7.3千克，年产仔5~6

胎，胎产仔6~8只。青紫蓝兔耐粗饲，抗病力强，产仔多，泌乳力好，是当前最受欢迎的绿色无公害皮肉兼用兔品种。

表1为皮肉兼用兔品种。

表1 皮肉兼用兔品种

品种	形体特征	生长繁殖特点	其他
大耳白兔	被毛纯白，体型中等，眼为红色，两耳向后直立，耳根细、耳端尖，形同柳叶。母兔下颌有肉髯	成年体重4～5千克，最高可达6.5千克，胎产仔6～9只。耐粗饲，适应性强，泌乳量大，母性好	
塞北兔	毛色以黄褐色为主，个别有纯白和米黄色，一耳下垂，一耳直立，头略粗稍方，鼻梁有黑色山峰线，颈短粗且与前躯衔接良好。体躯匀称，体重较重，外形略似公羊兔和比利时兔	发育良好，胎产仔7～8只，成年体重4～6千克。耐粗饲，适应性强，增重快	
德国花巨兔	鼻、嘴环、眼圈及耳朵为黑色，颈至尾根沿背部有黑色长条背线，体两侧有对称蝶状黑色斑块，其余被毛为白色。体型高大，体躯较长，呈弓形，骨骼粗壮，腹部距地面较高	繁殖力强，胎产仔10～12只，成年体重5～6千克	毛色遗传不稳定，母性不强，泌乳力不好
安阳灰兔	眼呈灰色，体型中等，全身被皮青灰发亮，浓密而柔软，大耳朵，长背腰，后躯较发达	性成熟早，繁殖力强，母性好，耐粗饲，抗病力强，成年体重4～5千克，胎产仔8～13只	
中国家兔	毛色多白色，有黑、麻、灰、咖啡几种颜色，体小，毛短，皮板厚，头小，嘴尖，颈短，耳短小直立，耳端钝圆。白色兔眼睛红色	耐粗饲，抗病力强，乳头多，母性好，繁殖力强。成年体重1.5～2.5千克，胎产仔6～7只	缺点是体型小，生长慢，产肉性能差
哈白兔	被毛纯白，紧凑有光泽。大型品种，头部大小适中，耳大直立，体躯细长，肌肉丰满	成年体重6～7千克，胎产仔6～9只，繁殖率高，抗寒力强，较耐粗饲，适应性强	
黑优兔	黑褐色被毛，个别略带黄尖，头大、额宽、嘴圆，两耳宽厚直立，稍倾向两侧，耳根较粗，四肢粗壮，背腰长，后躯发育良好	成年体重4～6千克，胎产仔6～7只。耐粗饲，易饲养，生长发育快，成熟早	
虎皮黄兔	眼红色，被毛黄色，耳边、尾尖、眼周围有黑色线条，头部黄黑色毛混生，腹下毛呈灰白色，腰背平直，后躯发育较好	1胎产仔7～9只，成年体重3.5～4千克。耐粗饲，抗病力强，早期生长发育快	

大耳白兔

耳似柳叶体躯长，被毛纯白眼红亮。
传统品种都知它，颈有肉髯质优良。

豫丰黄兔

河南育成在清丰，中国兔业一大功。
绿色饲养选择它，被毛不染色自成。

青紫蓝兔

市场崇尚青紫蓝，被毛旋涡起波澜。
绿色饲养首选择，皮肉兼优多赚钱。

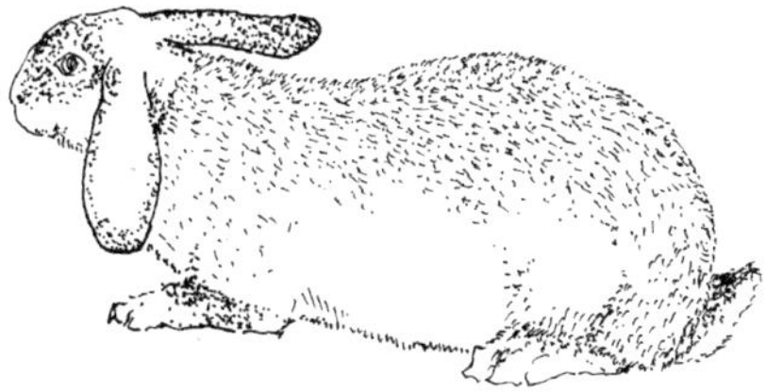

塞北兔

一耳直立一耳垂，特征典型名塞北。
肉兔品种一新星，杨正育成立丰碑。

德国花巨兔

因其特征称花巨，对称花纹很美丽。
虽然个大产仔多，缺点泌乳欠能力。

虎皮黄兔

眼周一圈黑线条，长满一身黄被毛。
能多产仔耐粗饲，抗病力强商品好。

安阳灰兔

安阳灰兔出安阳，地方品种有特长。
被毛银灰色泽美，且耐粗饲抗病强。

黑优兔

黑色被毛略黄尖，头大额宽嘴巴圆。
能耐粗饲生长快，绿色饲养早出栏。

哈白兔

哈尔滨市培育成，中新花比混血统。
被毛纯白且紧凑，耳大体长耐寒冬。

（三）皮用兔品种

皮用兔是以取皮为主。主要品种是力克斯兔（俗称獭兔）。獭兔的毛皮具有美、平、轻、柔、细、密、短的特点，价格很高，是贵重的裘皮。但獭饲养水平要求较高，对疾病的抵抗力弱，不耐粗饲，如果不加强饲养管理，毛皮质量低劣。

力克斯兔原产于法国，分多个品系，因其毛皮可与珍贵的毛皮兽水獭相媲美，所以俗称獭兔。我国饲养的獭兔主要从美国和法国引进。

獭兔是珍贵的毛皮用兔，其全身被毛短密而平整，细腻柔软，光亮如丝，戗毛少而不突出毛表面，背毛不易脱落，保暖性强。该品种的典型特征是眼珠灰褐色，须眉细而卷曲，体型中等，结构匀称，肌肉丰满，胸宽，背长且直，臀圆，四肢强壮，头部适中，耳中等直立。平均体长42～50厘米，胸围33～35厘米，平均毛长1.6～2.2厘米，年产3～4胎，胎产仔6～8只，成年体重3～4.5千克。

根据人们的需要，经不断杂交改良和培育，獭兔已有十几种颜色，如当前我国饲养的就有白色、黑色、棕色、黄色、灰色、蓝色、紫色、红色、巧克力色、咖啡色、黑斑、棕斑等颜色，所以又称“彩獭”。

1.法系獭兔

法系獭兔原产于法国，是世界著名的良种獭兔。该品系体型大，头形方圆，嘴巴平齐，前肩较宽，与后臀几乎相等。身体接近长方形。被毛浓密、平齐，分布均匀，粗毛含量少，毛长1.8~2厘米，被毛密度2.5万~3万根/厘米^2。成年体重4.5千克。生长迅速，100日龄可达2.5千克，150日龄取皮时体重可达3~3.5千克，板皮面积0.14米^2，95%可达一级皮标准。初配年龄：公兔6个月，母兔5个月。年产4~6胎，胎产仔7~8只，泌乳力强，母性好。

2.中系獭兔（金星獭兔）

中系獭兔为我国目前唯一一种通过国家认定，达到AAA级质量标准的良种獭兔。该品系是在全国著名兔业专家南京农业大学徐汉涛教授主持下，经8年努力，选用纯种美系、德系、法系獭兔的优秀后代作为杂交选育亲本，经几个世代杂交选育而成，于2003年通过国家鉴定并推广，被称为“中系獭兔”。

该品系的特征是：中型偏大，成年体重4千克，颈部、胸部、腹部及臀部有皱褶，皮面宽松，被毛洁白富有光泽，手感丰厚被毛平齐，粗毛不外露，全身毛密2.5万~3万根/厘米^2，毛长1.8~2厘米。年产4~5胎，胎产仔7~9只。耐粗饲，抗病力强，商品性能好，是目前我国正大力推广的獭兔新品系。中系獭兔（金星獭兔）已被列为国家级星火计划项目，在全国历届兔业大赛大会上连获金奖。

法系獭兔

法系獭兔有讲究，腰粗臀宽齐嘴头。
兔业大赛连夺魁，只因皮优被毛稠。

中系獭兔

中系獭兔出金星，国内AAA首认定。
毛密皮板面积大，腹有皱褶是特征。
兔业大赛获金奖，被列星火计划中。
国内培育新品种，推动中华兔业兴。

3.彩色獭兔

彩色獭兔是我国兔业科技工作者多年努力，提纯选育而成，现已初步培育出黑色、灰色、青色、蓝色、海狸色、咖啡色、红棕色等10多个色系，其中6个色系已基本稳定。彩色獭兔具有繁殖能力强，生长发育快，抗病力强，体型大，毛绒平整度好的特点。彩色獭兔平均年产6~7胎，平均胎产仔7~8只，公兔成年体重4.2~4.5千克，母兔成年体重3.5~4.2千克，平均毛绒长1.7厘米，密度1.2万~1.6万根 /厘米^2，150~160日龄为最佳取皮时间。各项指标都达到了獭兔种兔质量评估标准。彩色獭兔的育成填补了我国獭兔养殖项目的一项空白，毛色美观靓丽天生而成，做服装时不需要人工染色，是獭兔无公害养殖的发展方向。养一只彩色獭兔的利润是养一只肉兔的3倍以上，且供不应求，非常抢手。彩色獭兔服饰已在国际市场上受到广泛的推崇和欢迎。其服装及制品已远销西班牙、瑞士、希腊、迪拜等多个国家和地区。彩色獭兔是我国养兔业发展的新趋势，具有很大的生产潜力和广阔的市场前景。

宝石花獭兔

青紫蓝色獭兔

棕色獭兔

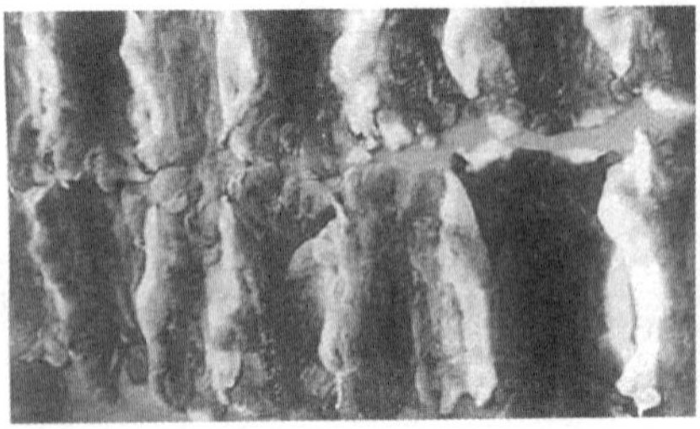

彩色獭兔色斑斓，咖啡青灰红棕蓝。
繁殖力强生长快，体型个大毛平展。
取皮加工做服装，环保不用把色染。
绿色养殖成新秀，前景广阔利润翻。

4.宠物兔

宠物兔自20世纪末由开封某大学教授潘青先生从荷兰引入我国后，又逐渐从美国、法国等国家和地区引入，主要品种有垂耳、道奇、安哥拉兔、猫猫兔、狮子兔、侏儒兔和杂交品种，现已分布全国各地。宠物兔性情温顺，耐粗饲，性成熟早，具有很高的观赏价值，是人类主要的伴侣动物之一。宠物兔成年体重最小的仅1千克左右，大的也不过3千克，年产仔4~5胎，胎产仔5~6只，目前分布在我国各地的主要是垂耳、道奇、安哥拉兔等。主要是观赏用，尚没有专门的育种单位。

小巧玲珑宠物兔，人类相伴小动物。
性情温顺食量少，观赏价值甚突出。
道奇安哥拉清秀，荷兰垂耳似猫虎。
饲养不为毛皮肉，只图观赏心畅舒。

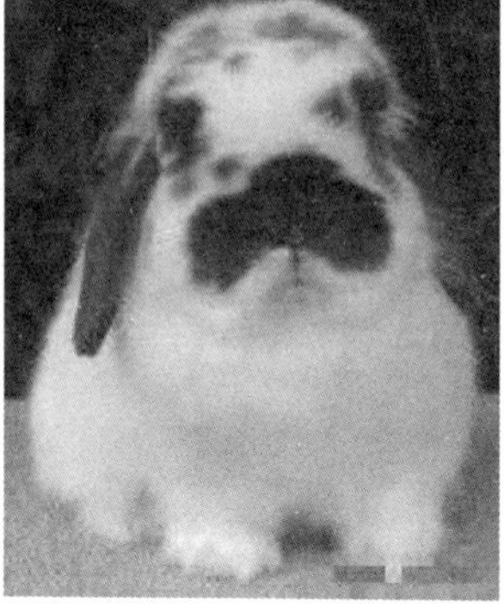

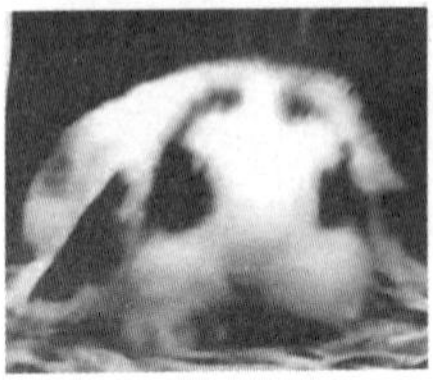

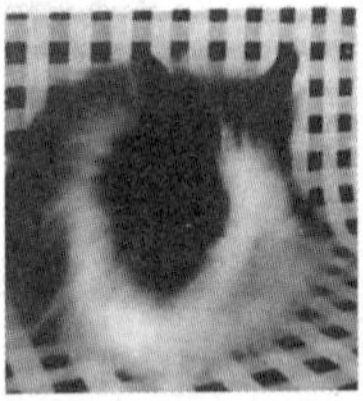
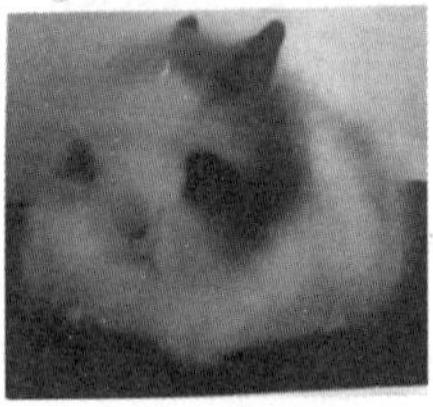

（四）毛用兔品种

毛用兔的优良品种是安哥拉长毛兔，有法系、英系、德系、日系、中系等，毛有轻、软、美的特点，产毛量高。长毛兔适应性强，其饲养管理要求比较精细，不宜粗放饲养管理，需适时剪毛。

1.镇海巨高长毛兔

镇海巨高长毛兔是浙沪一带兔业工作者在安哥拉兔的基础上经多年杂交培育而成的，是当前闻名国内外的毛兔新品种。其特点是适应性好，抗病力强，成年体重5 000克以上，最高可达7 500克，绒毛粗毛密度大，不缠结，年产毛量2 000克以上。2007年4月浙江嵊州市第十九届长毛兔比赛中，曾以养毛73天，单次剪毛，公兔756克，母兔952克，群体平均单只769.5克，年产毛量3 847.5克，创造了公兔、母兔、群体三个新的世界纪录。

2.豫系长毛兔

豫系长毛兔是河南省台前县良种长毛兔总场以德系安哥拉长毛兔为基础，引进优秀法系、鲁系、浙系等多系粗毛型安哥拉兔作父本，历经20年多代品系杂交培育成的地方优良长毛兔新品系，2005年12月通过河南省级鉴定，被命名为“豫系长毛兔”。

（1）体型特征：成年公兔平均体重5 130克，平均体长56厘米，胸围37.7厘米。最大个体体重6 300克，成年母兔平均体重

5 556.4克，平均体长59.9厘米，胸围38.9厘米，最大个体体重7 800克。在全国居首位。

（2）产毛量：成年公兔单次采毛量389.5克，最高个体达550克，平均年产毛量1 925克，最高年产毛量2 750克。成年母兔单次采毛量平均403克，最高单次采毛量达593克，平均年产毛量2 015克，最高年产毛量2 965克，居全国之首。

（3）母兔繁殖率：年产4~6胎，平均胎产仔6~8只。断奶时平均成活6~7只，成活率92.5%。出生仔兔平均体重55.2克，断奶时平均只重875克，居全国第一位。

（4）幼兔生长发育：8月龄公兔平均体重4 664克，平均单只采毛量404克。8月龄母兔平均体重4 668克，平均单只采毛量416克，属全国最高。

在全国长毛兔6项相关指标比较中，豫系长毛兔除粗毛型和毛料比方面，有4项指标居全国长毛兔领先地位，是当前很受欢迎的长毛兔新品系之一。

镇海巨高长毛兔

豫系长毛兔

毛兔新星出中原，品质优秀四领先。
适应性强生长快，年产绒毛超两千（克）。

法系安哥拉长毛兔

中系安哥拉长毛兔

三、家兔的生活习性

（一）家兔的外貌和习性

1.家兔的外貌

（1）头部。发育正常健康的兔头和躯干呈正相关，同品种公兔脑门比母兔宽大粗圆。

（2）眼睛。健康家兔的眼睛大而明亮有神，不同品种的家兔眼珠颜色不同。如中国家兔、大耳白兔、新西兰兔的眼珠呈红色，安哥拉长毛兔的眼珠呈粉红色。

（3）耳朵。家兔的耳朵长、大、宽、薄，血管明显，耳朵的形状、长度、厚薄也是辨别品种的特征之一。例如，大耳白兔的耳朵高大略薄，形如柳叶；中国家兔耳朵短厚、直立；公羊兔耳朵宽大而下垂，呈“八”字形；塞北兔的耳朵一侧下垂一侧直立等。

（4）臀部。宽大而圆的臀部表明家兔健康、肉多。

（5）脚。家兔的脚应强健、肢势端正。脚的长度、厚度应与躯干成一定比例。一般母兔的脚比公兔略细。

（6）爪。爪的色泽与被毛色泽一致，爪的形态和长短是家兔年龄的一个标志。

（7）乳房。乳头的数量与母兔的发育情况能反映母兔的泌乳能力。母兔乳头一般应为4～6对。

（8）公兔生殖器。公兔睾丸应发育正常。阴茎稍有弯曲，两只睾丸大小基本均匀，无隐睾现象。

（9）被毛。毛色、长短应与家兔品种和经济类型的特征相符，不论何种家兔，被毛都应浓密、柔软，富有光泽和弹性。

2.家兔的习性

家兔爱打地洞，胆小怕惊吓，喜欢在夜里活动。兔子的听觉非常灵敏，一旦竖起能听八方。两眼在头部两侧，视觉不能重叠，在快速直奔时易撞树或墙。家兔怕污爱净，喜干厌湿，喜欢啃咬，爱斗，怕热耐冷。家兔汗腺退化，被毛浓密，炎夏注意剪毛、饮水、防日晒。

家兔生理有特性，胆小怕惊爱打洞。
昼伏夜动同性斗，喜干厌热耐寒冷。
狡兔三窟为何有，守株待兔因记清。
根据习性定管理，环环相扣不放松。

家兔的外形

①根据家兔的习性要给家兔一个安静的环境，白天休息，夜间多喂草料。避免其他动物惊扰，以免造成家兔在笼中乱蹦乱跳，使孕兔流产。根据家兔打洞习性，在母兔分娩前要为它筑洞，及时放产箱，铺上柔软的垫草。

②经常放一些截短的树枝、胡萝卜等，让兔子啃咬磨牙，补充营养，防止啃咬笼门，减少殴斗。

③为了避免同性殴斗，3月龄以上的家兔要分笼饲养，特别爱斗的单笼饲养，因条件不能单笼的，要同窝养在一起，分开几天后，尤其不同窝的兔不能养在一起 。

夜吃软粪食夜草，保持安静别惊扰。
洞穴产仔衍后代，人工繁殖筑产巢。
了解生理定措施，根据习性管理好。

（二）家兔的消化特点

俗话说：“兔吃百样草，看你找不找。”因为家兔是单胃草食动物，肠道很长，约是体长的10倍，胃和盲肠比较大。除了有毒的植物和发霉变质的饲料外，喜欢吃一切野草、树叶、作物秸秆，而且对这些粗饲料有很强的消化吸收能力。

家兔特别喜欢吃各类叶类饲草和菜叶，如荠荠菜，蒲公英，车前草，红薯叶，大豆叶，甘蓝叶，槐、榆、柳树叶等，对于条状和叶脉平行的草采食性较差。喜欢吃带有香味、甜味的饲料，不喜欢吃带有酸味和发霉味的饲料；喜欢啃咬块根，如胡萝卜、南瓜、红薯等，不喜欢采食动物性饲料。

家兔排出的粪便有两种：一种是颗粒状球形粪，在白天排出；一种是软而黏的软粪，在晚上排出。夜里排出的软粪随时即被自己对着肛门吃掉。家兔吃软粪的行为，是它特殊的生理现象，不必大惊小怪。家兔软粪中含有丰富的蛋白质和核黄素，家兔通过吃软粪，可以使饲料再次被消化吸收，因而体内不会缺乏核黄素。如果发现家兔不吃软粪，就是疾病和临产征兆，一定要引起注意，查找原因。

家兔的盲肠和胃壁很薄，有很大的渗透性，饲料的突然变更会引起消化机能紊乱，特别是刚断奶的幼兔，由吃奶过渡到吃料，常因贪吃引起肠胃病。掌握了家兔的这些消化特点，平时饲喂家兔时要掌握勤喂少给和更换饲料逐步过渡的原则。补喂动物性蛋白质饲料如鱼粉时，一定不要超过4%，并与其他饲料混合均匀。饲喂胡萝卜等块根多汁饲料时，因水分过大，要控制喂量，以免引起腹泻等胃肠疾病。

家兔爱吃草百样，胃肠发达消化强。
生理特殊食软粪，勤喂少给益胃肠。

家兔对草有很强的消化力，喜欢吃各种野菜、树叶和块根

易患胃肠疾病，要勤喂少给

家兔有夜间吃软粪的习性，可使饲料得到充分消化吸收

多汁饲料水分大，要控制喂量

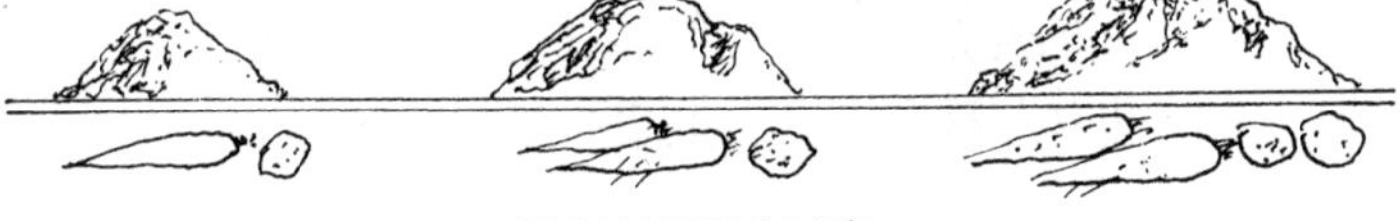

更换饲料要逐步过渡

（三）家兔的生长特点

初生仔兔双眼紧闭，全身无毛，白色兔全身红润，有色兔色素沉着于皮肤之内，呈褐色或灰褐色，腹部呈灰白色或浅红色。仔兔个体出生体重取决于品种和个体发育及产仔数多少，一般初生体重50～65克，产仔数量多的30～50克，产仔数量少的有150克的个体。

仔兔出生后5天开始长毛，11～12天开眼，15～16天开始吃食。仔兔开食早晚取决于母兔乳汁的多少，母兔乳汁少的仔兔开食早、乳汁多的开食晚。

仔兔1月龄之内是一生中生长发育最快的时期，1月龄体重可达0.5千克，是出生体重的10倍；2月龄体重可达1.5~2千克；3月龄体重可达到2.5千克左右。

家兔性成熟早，一般母兔4～5月龄就有发情表现。母兔性成熟有发情表现之后，体重增长就开始缓慢，一般一个月增重0.5千克左右，但由于饲养条件、饲养方式及品种不同而有很大差异。7～8月龄时达到性成熟，这时便可配种繁殖。

家兔的换毛有两种，一种是年龄性换毛，一种是季节性换毛。年龄性换毛50日龄开始为第一次，5月龄时为第二次。季节性换毛即春、秋季节各换1次。换毛的快慢与时间长短和家兔饲料营养水平有很大关系，饲料营养水平高的家兔换毛快，时间也短；反之，换毛慢，时间也长。

仔兔出生裸体红，双目紧闭卧巢中。
五天长毛是规律，十一二天把眼睁。
十五六天会吃食，一月龄内最增重。
四五月龄性成熟，换毛分季和年龄。

初生仔兔体无毛

出生后5天开始长毛

出生后11～12天开眼

出生后15~16天开食

1月龄体重可达0.5千克
2月龄体重可达1.5～2千克

（四）家兔的繁殖特点

家兔的繁殖力强，每年可产8胎以上，每胎6～10只，多达15只。

母兔属双子宫类型，同时有两个子宫颈开口于阴道。4～5月龄即开始性成熟，卵巢内即有能够与公兔精子结合受孕的卵子产生，此时便有发情表现。母兔的发情一般15天左右1次。

家兔是刺激性排卵动物，它的发情与排卵没有直接关系，如果母兔虽然发情而不让它与公兔交配，就不排卵，成熟的卵泡就会逐渐老化并被机体吸收再形成新的卵泡。

母兔的发情表现为食欲减退，举止活跃，常用下颌摩擦食槽和笼门，外阴湿润红肿；而不发情的母兔外阴干涩苍白。

母兔发情与公兔交配后，怀孕30～31天便可产仔，产仔后便可与公兔再次交配受孕，此特点被称为“血配”。产仔后一般每天给仔兔哺乳1次，人工管理的每天哺乳1～2次。

母兔产仔前后常拔毛，拔毛一是刺激泌乳，二是给仔兔保暖。母兔产仔时常把胎盘一个一个吃掉，吃胎盘有利于下奶。

公兔出生时睾丸在腹腔里，2月龄下降到腹股沟管内，3月龄才降到阴囊里。

由于家兔怕热，公兔睾丸会因高温而缩小，而且精液品质差。公兔的阴茎呈圆柱状，顶端稍向下弯曲并没有膨大的龟头，平时包在包皮内，只有遇到母兔时才产生性欲，阴茎勃起并朝向前方，插入母兔阴道后便马上射精并倒向一侧。

刺激排卵双子宫，发情表现阴红肿。
怀孕三十天产仔，产后血配又能生。
公兔幼时睾在腹，阴茎顶弯包皮中。
发情活跃食欲退，下颌常把食槽蹭。
吞食胎盘为通乳，产时拔毛盖仔用。

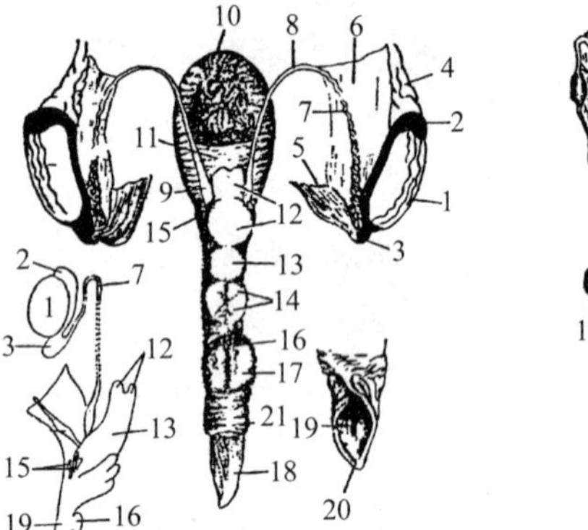

公兔的生殖器官

1.睾丸 2.附睾头 3.附睾尾 4.静脉丛 5.睾外提肌(切断) 6.输精管系膜 7.输精管(精索部) 8.输精管(骨盆部开始) 9.输精管膨大部 10.膀胱 11.尿生殖系膜 12.精囊 13.精囊腺 14.前列腺 15.旁前列腺 16.尿道球腺 17.球海绵体肌 18.阴茎 19.尿道 20.尿道外口 21.包皮

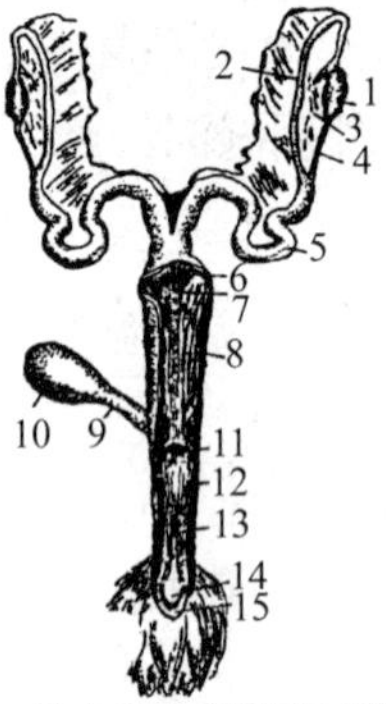

母兔的生殖器官(背侧面)

1.卵巢 2.输卵管 3.卵巢囊 4.卵巢固有韧带 5.子宫 6.子宫颈 7.子宫颈间膜 8.阴道 9.尿道 10.膀胱 11.尿道开口 12.静脉丛 13.阴道前庭 14.阴蒂 15.阴门

四、饲养家兔的必要条件

1.必要的场地和设备

养兔设备简单，条件容易创造，可根据条件采取笼养、圈养、洞养等。设备要有舍、笼、圈、食槽、水槽、草架、产箱、防疫用注射器等。

2.有一定的投产资金及周转费用

要养2公8母10只种兔需资金1 000元。8只母兔每只年产6胎，每胎8只，每只仔兔养90天长至2.5千克活重，需全价饲料9千克，每千克饲料平均价格1.3元，养成1只2.5千克活重需要11.7元，防疫用药物和疫苗需1元，共12.7元，8只母兔每批产仔64只，育成出栏需费用700～800元。如果有农副产品，可节省资金。

3.可靠的种兔来源

购进的种兔一定要经严格检疫，健康无病，品种优良纯正，这是饲养家兔的重要条件。

4.有充足的优质饲料供应

自产的玉米、花生秧、农副产品下脚料可以满足一部分，如规模大需从市场购买时，一定要注意粗饲料的季节性，抓住有利时机备好备足，并且做到价廉物美。

5.有较熟练的技术

初养兔者一定要先接受技术培训或认真学习技术资料，向技术人员学习，并在生产中积累经验。

6.搞好兔病防疫工作

要备好养兔用的药物疫苗，要有严格的卫生消毒措施。

喂兔要有槽和笼，防疫药械必须用。
学好技术引良种，资金饲料要保证。
把好防疫治病关，养兔目的不落空。

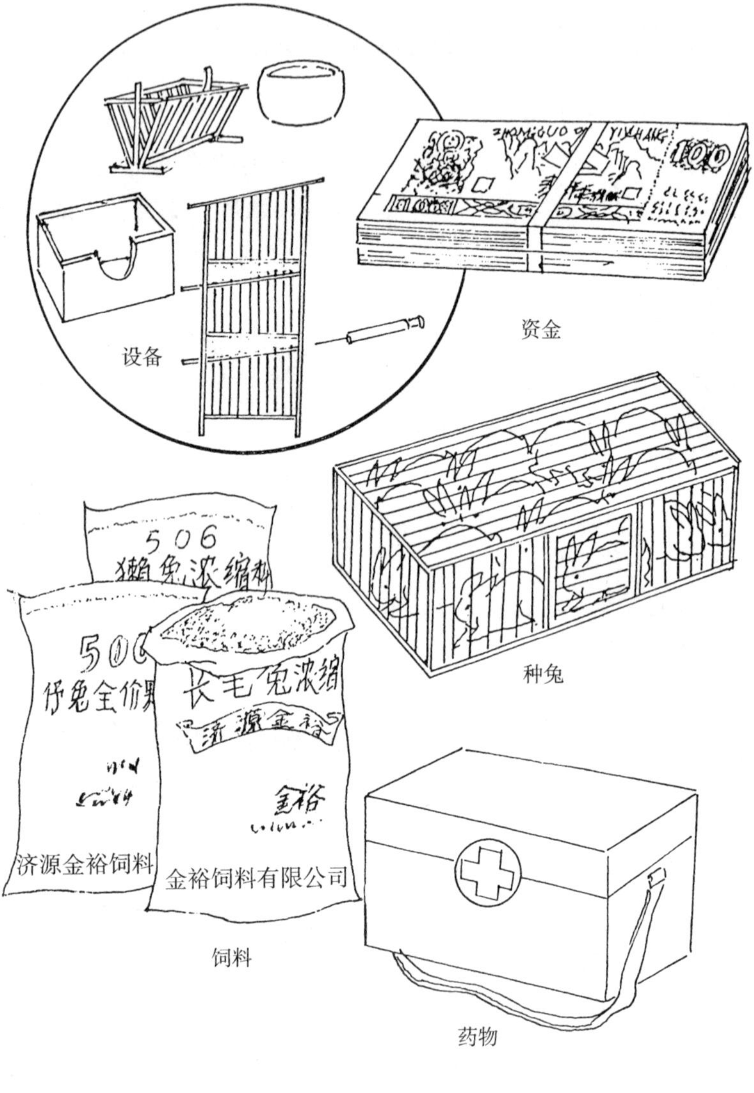
设备
资金
种兔
济源金裕饲料
金裕饲料有限公司
饲料
药物

五、家兔的饲养经营诀窍

家兔的饲养目的是高产量，低消耗，获得优质产品，取得较高的经济效益。要达到这样的目的，必须做到合理经营管理，科学饲养。

1.了解市场，把握信息

养兔的经营诀窍首先要掌握市场信息，熟悉市场，确定饲养何种经济类型的家兔。再者不能相信炒种公司的虚假宣传，如高价回收种兔，要根据自己了解的市场情况进行决策。购买种兔一定要到可靠的单位引种，最好能聘请内行和专业技术人员帮助挑选。

2.适度规模，科学饲养

养殖户一定要根据自己的资金、场地、人力、技术和销路考虑饲养规模，一般初养规模不宜过大，最好由少到多滚动发展。

家兔性成熟早，繁殖力强，仔兔生长发育快，肉兔70～100天即可出栏，长毛兔3个月即可剪一茬毛，但是其技术性强，管理要求精细，所以无论养兔多少，特别要掌握好仔兔出生、哺乳、断奶、防疫、喂料等环节的关键技术，制定切实可行的措施，严格防疫制度，使家兔健康生长，适时剪毛，适时出栏。注意饲养獭兔要在150~160天宰杀取皮，出栏。过早则达不到质量要求，过迟会增加饲养成本。

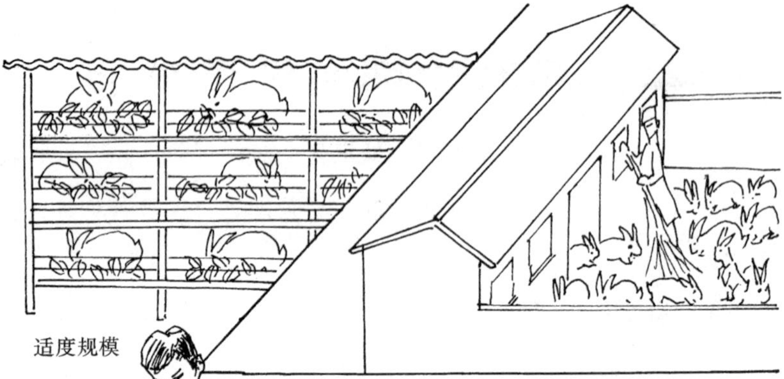

适度规模

全面掌握养兔技术

由少到多逐步发展

规模适当定制度，选择品种别失误。
量力而行风险小，综合利用能致富。

制定切实可行的措施

3.制定合理的规章制度

规模化、工厂化养兔场要制定全面合理的规章制度，制定科学有效的饲养管理措施让大家共同遵守。

要关心饲养技术人员的工作和生活，不断提高员工的福利待遇，按时发放工资，制定奖惩制度，提高员工的责任心和积极性。要把饲养技术人员和每一个员工当成自己家庭的一员，经常进行思想沟通和工作交流，要爱护人才、留住人才，要保持兔场饲养管理人员的稳定，要认识到保证兔场饲养管理人员的稳定是兔场工作成败的关键措施之一。经常更换饲养员是兔场工作的大忌。

4.降低生产成本，综合开发利用

降低生产成本，减少资金投入，是提高养兔经济效益的有效措施之一。降低生产成本是指在保证家兔正常生长的情况下，注意每一个环节，千方百计降低基本建设、家兔引种、饲料采购、防疫药物及水电费用。具体要求是：

（1）降低兔舍兔笼建造费用。在便于平时饲养管理的原则下，建造笼舍要适度，规模简易，不要贪大，食槽、水槽等其他设备要经济实用。

（2）降低家兔引种费用。了解周边种兔场及专业户的种兔质量和信誉情况，就近引种，切莫舍近求远，长途运输不但会增加引种费用，还会因饥渴、风寒造成家兔死亡。

（3）降低饲料费用。坚持自筹原则，因地制宜选用优质价廉的饲料，防止霉变和鼠害污染，饲喂时精粗搭配合理，定时定量，减少浪费。

（4）减少饲料投入。在草资源丰富的季节，多采集优质青草或种植牧草饲喂，减少饲料投入。

（5）适时淘汰病兔、出售商品兔，适时剪毛，宰杀取皮，也是减少饲料投入的方法之一。

（6）减少防疫用药费用。坚持预防为主的原则，平时加强饲养管理，严格消毒防疫制度，降低家兔发病率；平时多采集饲喂有药用价值的野草，在无形中预防和治疗兔病，可减少药物费用。

5.综合开发利用

（1）在饲养家兔时，充分利用场地，立体笼养、种植瓜果。例如，笼前种植葡萄、丝瓜、吊瓜，既可在夏天为兔遮阴，也可用丝瓜、吊瓜喂兔，增加收入。

（2）进行生态循环养殖。利用兔粪喂猪、养鱼——物尽其用，变废为宝，降低猪、鱼饲料成本，减少农作物化肥投入，进行良性循环。兔粪喂猪方法是先将兔粪晒干粉碎后，加入30~40份猪饲料混合，用0.01%的高锰酸钾水搅拌饲喂。喂鱼时，先将兔粪堆积发酵至60~70℃，进行生物消毒后晒干，与鱼饵混合投放。

想方设法把本降，精打细算把兔养。

综合利用高一筹，效益就比他人强。

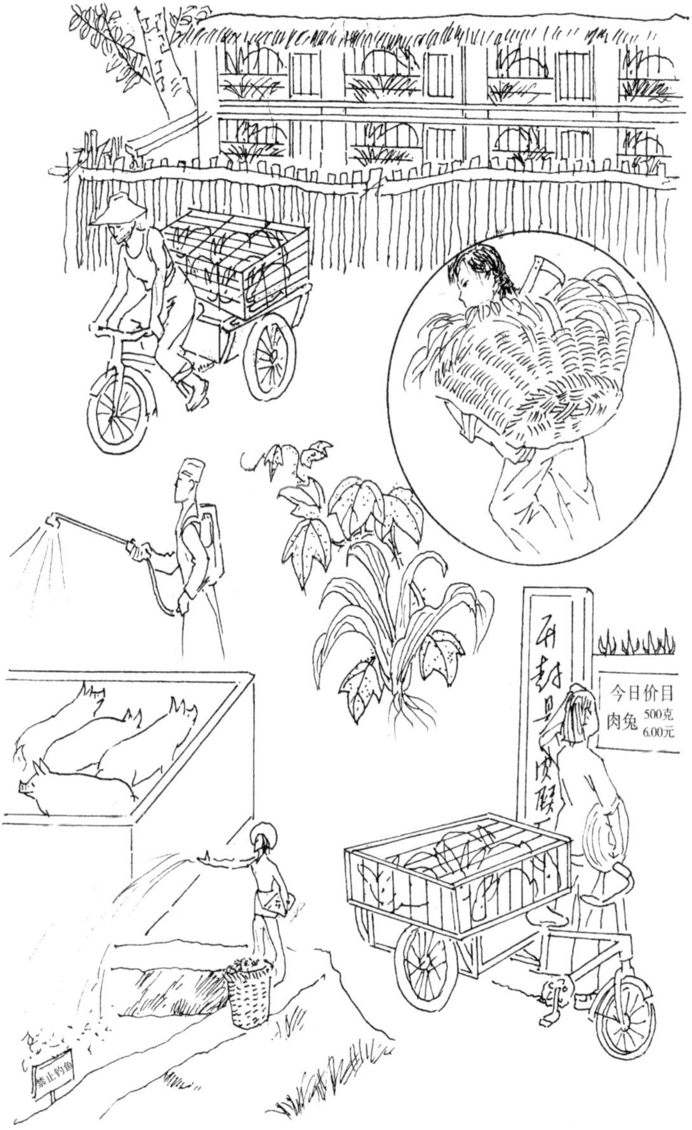
今日价目
肉兔 500克 6.00元
禁止钓鱼

六、家兔的饲养方式

1.笼养

笼养是把家兔放在特制的兔笼内饲养，笼养是一种比较科学和先进的饲养方式，有以下两种方式：

（1）室内笼养。这种方式雨季管理方便，冬、夏季可较好地保温、防暑，容易预防兽害，便于药物消毒，能有效地预防疾病的发生和传播。

（2）室外笼养。这种饲养方式光照充足，空气新鲜，可以使家兔在炎热或寒冷的条件下得到锻炼，并且便于管理，节省建筑材料和人力。但是，夏季要防雨淋和日光直射，伏天要搭设凉棚或植树，防止中暑；冬季要注意保暖。

2.放养

放养就是把家兔放在草场上放牧。但应注意防逃和其他动物侵入伤害家兔。优点是：节省人力和物力，家兔能自由采食新鲜的饲草，沐浴充足的阳光，呼吸新鲜的空气，体质好，繁殖率高。缺点是乱交乱配易使品种退化，发病无法控制，产品质量下降。

3.圈养

圈养就是垒圈或立栅栏养兔，适用于饲养肉用兔和皮肉兼用兔。这种方式饲养家兔，要将公兔全部去势防止打斗，种用公兔单独饲养，怀孕母兔分开建窝产仔，还要按性别、年龄分群圈养，群体不宜过大。繁殖时可按公母兔比例为1∶6或1∶8让其自由交配。要注意及时排水，及时打扫卫生，防止发生打斗，防治疾病，防止鼠害。

4.洞养

洞养就是靠山掏洞或在背风向阳处挖洞养兔。洞养的优点是适合穴居性，冬暖夏凉，全年繁殖。缺点是地下洞春、夏季较潮湿，不利于产仔；毛兔粘上泥土，影响兔毛质量；雨天往洞内灌水，易淹死仔兔。

放养节省人和物，兔多繁殖管理愁。
推广笼养最科学，便于生产与病斗。

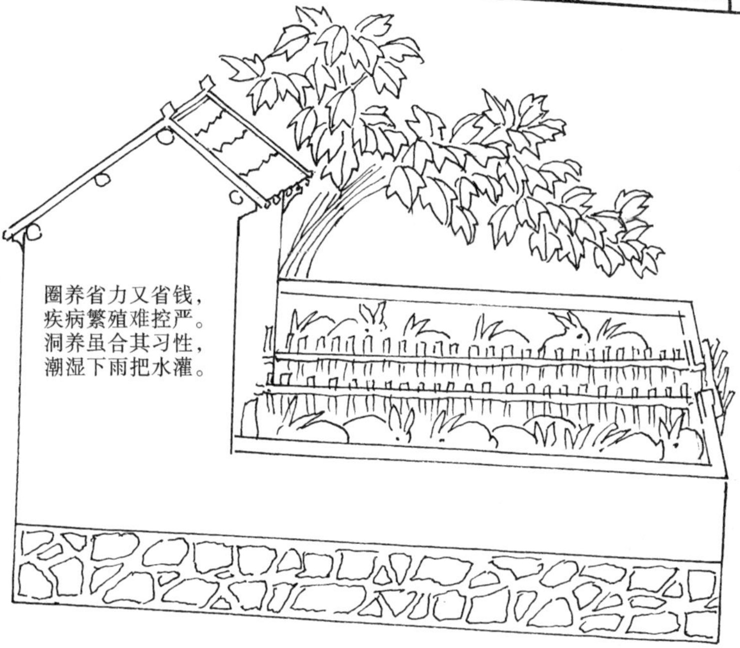

圈养省力又省钱，
疾病繁殖难控严。
洞养虽合其习性，
潮湿下雨把水灌。

七、家兔的饲养管理技术

（一）家兔的一般管理技术

1.捉拿方法

捉拿家兔时，动作应当轻柔温和，切不可强拉硬拽，以免造成损伤或致孕兔机械性流产。从兔笼中向外提兔的正确方法是，先在兔子头部和颈部轻轻抚摸，待其稳定伏卧时，一手轻抓耳朵和颈皮轻轻提起，背向外提出，另一手在笼门处迅速将兔臀部托住。

从外边将兔放回笼子时，应当先将臀部放入，这样兔子进笼后比较稳当。如先放头部，将使兔进笼时猛跳，易使孕兔流产。

抓着耳朵或后腿从笼中强拉硬拽是不正确的，极易造成机械性损伤。掂耳、倒提后肢、卡腰、抓皮的捉拿方法都有损家兔的身体健康。

2.公母鉴别

因为家兔的生殖器官随年龄变化而有不同，故鉴别的方法也不相同。

初生仔兔生殖器孔洞扁形略大并离肛门较近的是母兔，生殖器孔洞圆形而小且离肛门较远的是公兔。

满月后的幼兔辨别公母时，一手保定幼兔，腹部朝上，一手中指和食指夹着尾巴，拇指轻按其后阴部，生殖器即可张开，孔口呈“V”形，颜色发红的是母兔；孔口呈“O”形且白的为公兔。

3.年龄鉴别

年龄的一般鉴别法是看脚爪的长短和弯曲情况及脚爪的红白比例。幼兔爪红嫩且不露出脚毛外，1岁以内的红色爪长于白色毛，1岁以上的红色爪短于白色毛；老龄兔红色消失，爪弯曲并露出毛外。

正确的取出方法

正确的放入方法

正确的捉拿方法

不正确的捉拿方法

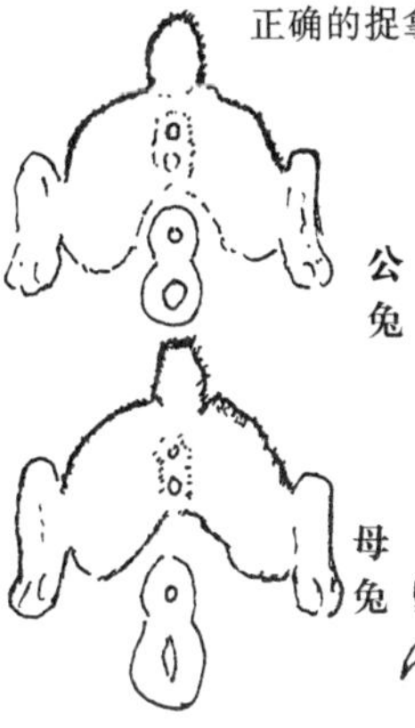

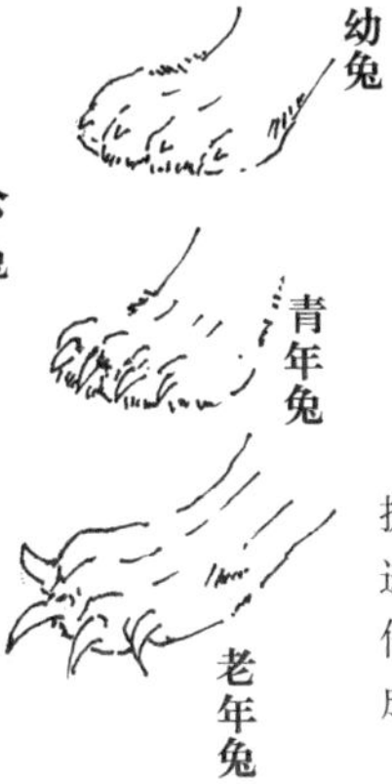

捉拿兔子有讲究，翻腹朝上出背头。
进笼先把臀部放，不许倒提把皮揪。
仔幼趾爪不露毛，青年白尖出爪头。
成年爪红白各半，老兔趾白像弯钩。

青年兔被毛紧凑顺溜而有光泽，皮薄而紧；老龄兔被毛蓬松无光，皮厚而松。青年兔牙齿洁白整齐，老龄兔牙黄不齐且有磨损。

4.耳号编刺方法

在养兔生产中，为了便于管理和记录，种兔场和养兔户一定要为家兔编刺耳号。家兔编刺耳号，好比有了名字一样，不但便于饲养管理，更重要的是能避免近亲交配，便于控制血统，建立新的品系。

家兔耳号编刺一般用针刺法和耳号钳编刺法：

（1）针刺法。一般是养兔较少且又没有耳号钳的养兔户使用。方法是先在兔耳中间无血管处写上自己为其编刺的号码，而后保定兔子，快速用针沿数字扎刺，再抹上醋墨汁，使墨汁渗入针孔中，数字慢慢变蓝色，永不褪色。

（2）耳号钳编刺法。专用的兔耳号钳，号码用短针排列钳成。有10个重复的阿拉伯数码和部分ABC等英文字母，使用时，只要先将要编的号码卡在耳钳上排列好，用酒精或碘酒在兔耳无血管处消毒，而后用耳钳在需刺部位猛夹一下，松开耳钳，然后抹上醋墨汁，并在耳号上用食指和拇指来回搓几下，使墨汁渗入针孔即可。用耳号钳编刺耳号不但方便省时，而且字体美观。

（3）耳号排列方法。耳号排列一般由自己设计，一般第一位用英文字母，英文字母一般代表品种，如X代表新西兰、D代表大耳白、H代表哈白兔等。如用数字，第一位数字可代表年份，第二位数字代表月份，第三位数字代表个体号。也可任意设计，并记录好编号的意义。另外，用特制母子扣形新耳标省力方便，已推广。

5.制订兔场管理使用符号

为了在养兔生产中便于操作和记忆，使不同性别、配种、受孕、产仔情况一目了然，除为兔笼编号外，制订使用其他符号是非常必要的，制订的符号常在兔笼门上使用。

为了育种辨血系，耳钳编号要普及。
符号贴在笼门上，便于生产和管理。

管理常用符号

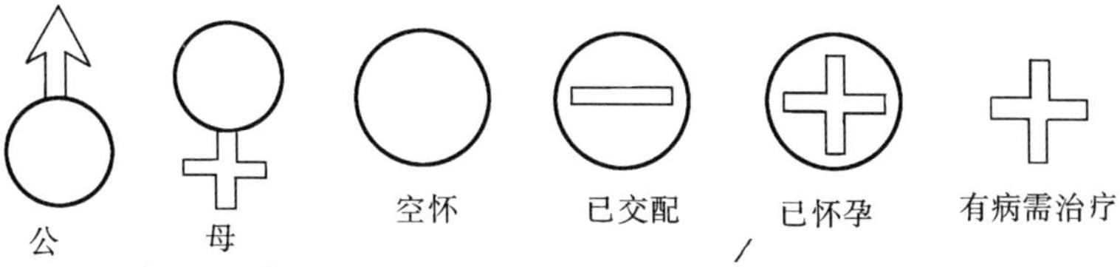

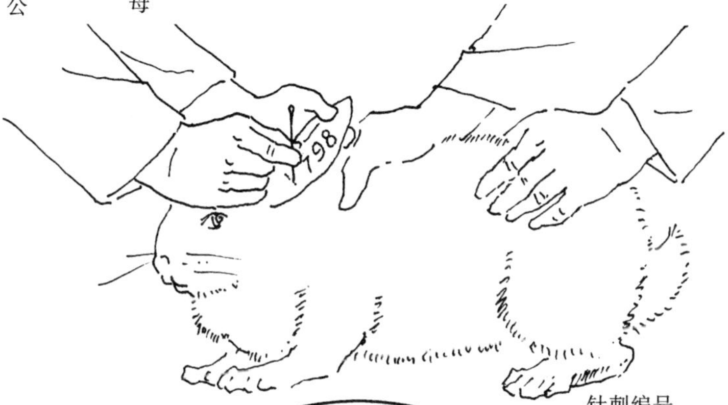

针刺编号

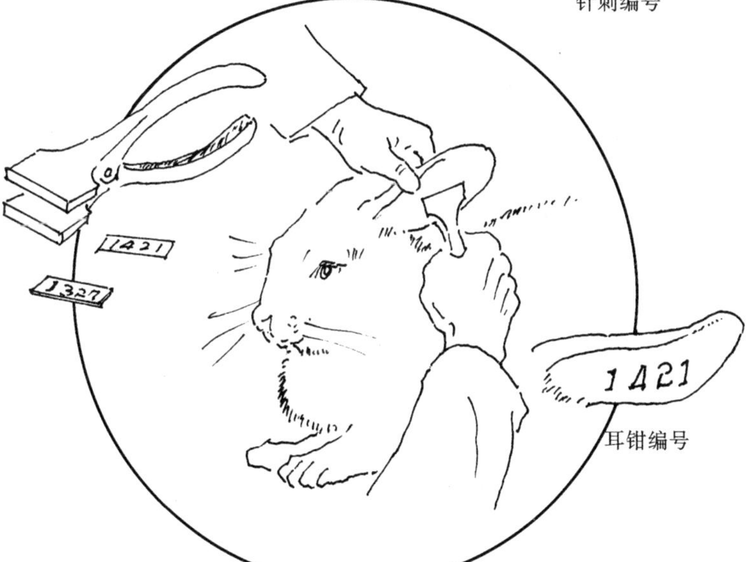

耳钳编号

（二）家兔的一般饲养管理原则

要使养兔取得较好的经济效益，就要根据家兔不同发育阶段的不同生理消化特点，采取不同的饲养管理方法。

（1）合理调剂配合饲料：力求饲料的多样性，以保证家兔各发育阶段对营养的需要。所配合的饲料要色、香、味都好，不喂霉变饲料和带露水冰霜的饲料。必要时要洗净、晾干或切碎煮熟。

（2）定时定量，勤喂少给：根据兔的大小，确定每天的喂料量，制定合理的饲喂时间，使兔的采食、消化、排泄形成规律。一般秋、冬、春季饲喂时间基本一样，在早、晚7~8时；而夏季因天气炎热，早上就应提前到4~5时，晚上8~9时。特别是刚断奶幼兔，常因贪吃引起消化不良，一定要勤喂少给，定时定量。

（3）更换饲料，逐步过渡：因四季饲料种类不断变化，喂兔时要保持饲料种类、配方相对稳定，更换饲料要逐步过渡，使家兔的消化机能有一个逐渐适应的过程，以减少因更换饲料而引起胃肠疾病。

（4）加喂夜草，注意饮水：家兔有昼伏夜动的习性，夜间食量大，晚上的喂料量要多于白天，晚上占2/3，白天占1/3，特别是昼短夜长的冬季，夜间应补饲一次精料，以提高抗寒能力。夏天一定要使家兔有干净充足的饮水，冬季要饮温水。

（5）分群饲养，适当运动：仔兔断奶一段时间后，要按性别、品种、大小、强弱分笼饲养，分类管理，以保证兔群整齐健康。种用公兔每天应在运动场活动1~2小时，以保证其强壮的体质、旺盛的性欲。

（6）注意清洁卫生，保持兔舍安静：家兔胆小，喜欢安静和卫生。

（7）建立健全规章制度，强化内部管理：规章制度包括防疫制度、饲喂制度、生产计划、管理巡视、学习制度等方面的内容。特别是管理巡视制度是每天工作的重要内容，每天坚持早晚对兔舍兔笼进行巡视，及时发现问题，做到无病早防，有病早治。

（8）培训饲养管理人员：饲养管理人员要不断进行业务技术培训，学习新技术，研究新问题，从而提高自己的饲养管理水平。

饲料营养全面

定时定量

块根刮碎

勤喂少给定食量，精心调剂食欲旺。
草料不喂霉霜露，冬夏过渡夜草香。

更换饲料逐步过渡

异性大小强弱分，安静卫生消毒勤。
规章制度需健全，养兔技术多培训。

注意饮水

勤喂少给，夜间补喂

（三）不同生理阶段家兔的饲养管理

1.仔兔的饲养管理

从出生到断奶这段时期的家兔叫仔兔，分睡眠期、开眼期和断奶期三个阶段。其关键管理技术是：

（1）由母体降生到世间，其生活环境发生了急剧的变化，浑身裸体无毛，没有御寒和自我保护能力，一定要做好保暖工作，防止意外事故发生，特别是老鼠对其的伤害。夏天防止蚊蝇叮咬。

（2）及时吃到初乳。母兔分娩最初一两天分泌的乳汁叫"初乳"，具有丰富的营养和抗体，吃饱初乳对以后的生长发育起着重要作用。

（3）每天检查仔兔吃奶情况，防止生后3天的黄尿病。健康吃饱奶的仔兔，浑身红润，丰满如鼓且结实。吃不饱奶的仔兔浑身绵软，腹部扁平。如果发现仔兔绵软昏睡，浑身发黄，肚皮扁平有褶，产箱又散发出腥臭味儿，即是仔兔患了黄尿病，一般发病在生后第三天。要抓紧治疗，方法是用氯霉素眼药水或庆大霉素针剂滴服，每次口中滴服2～3滴，每天3次。如果发现其哺乳母兔患有乳房炎，应停止哺乳，仔兔寄养给其他母兔，同时对母兔对症治疗。

（4）对于不给仔兔哺乳的初产母兔，要强制对其训练哺乳。方法是：哺乳时将母兔放入产箱，一手轻抓母兔耳和头部，一手轻轻在其肩胛处按摩，经2～3次训练，即可自动哺乳。

仔离母体来世间，十天目闭多睡眠。
吃饱初乳防意外，保暖防病记心间。
仔多乳少请寄养，母拒哺乳肩胛按。
注意三天黄尿病，根源治母乳房炎。

（5）注意防止仔兔吊奶。吊奶的发生有两种：一是仔兔

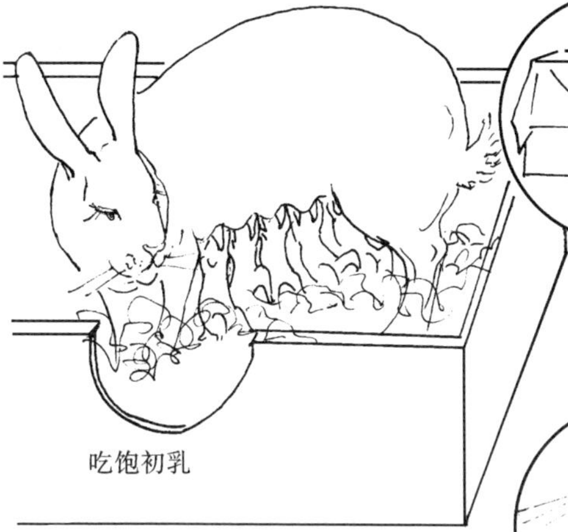

吃饱初乳

注意保暖

消灭蚊蝇、老鼠

黄尿病给药方法

母兔哺乳训练

多，吃不饱奶，仔兔一直吮着奶头不放，将母兔吮得疼痛，母兔突然跳出产箱，将仔兔吊出冻僵。二是仔兔少，奶水足，母兔奶胀，仔兔猛一吸吮，母兔感到疼痛，突然跳出，将仔兔吊到箱外冻僵。防止方法：一是将仔兔多的拣出1～3只，让产仔少的母兔代养，被代养的仔兔要提前半天放到代养母兔产箱。混放半天后其气味一样，母兔就不会咬被代养仔兔。不要采用往仔兔身上抹母兔尿的方法，抹母兔尿是不卫生的，会传染其他疾病。二是将产箱全部端出，在早晚7～8时定时哺乳。哺乳后将母兔放回兔笼。对于吊出产箱冻僵或半死仔兔要及时抢救。抢救方法：一是将仔兔放入怀中暖，等暖到仔兔会动时再放入产箱盖好。二是取半盆或一大杯40～45℃温水，捏着头将仔兔放到热水中轻轻摆动，注意不要浸过头部，以免呛死。等仔兔张嘴呼吸或发出叫声时，将仔兔擦干放入产箱。

（6）仔兔开眼后即精神振奋，在产箱跳跃，要注意防止仔兔掉入水槽或笼下排尿沟。对于浑身水湿的仔兔，应用热草木灰（不烫手为宜）吸干，注意不要用火烤。

（7）18天后及时给些鲜嫩的菜叶、树叶、嫩草等让仔兔练习吃食，锻炼肠胃。注意一定要从仔兔开食时就预防球虫病。可在饲料中添加0.45%的PB一号幼兔添加剂，不但能防止球虫病，还能促进生长发育，防止大肠杆菌、魏氏梭菌和巴氏杆菌病的发生；也可选用氯苯胍、敌菌净、球杀净等药物预防。

（8）注意母仔兔分笼饲养，40天后适时断奶。

开眼之后精神欢，适时开食把奶断。
防止吊奶和落水，防球虫病把药添。

2.幼兔的饲养管理

从断奶到90天的兔叫幼兔。幼兔的特点是：生长发育快，食欲旺盛，常有不知饥饱和贪食现象，贪食后易发生消化不良，引起腹

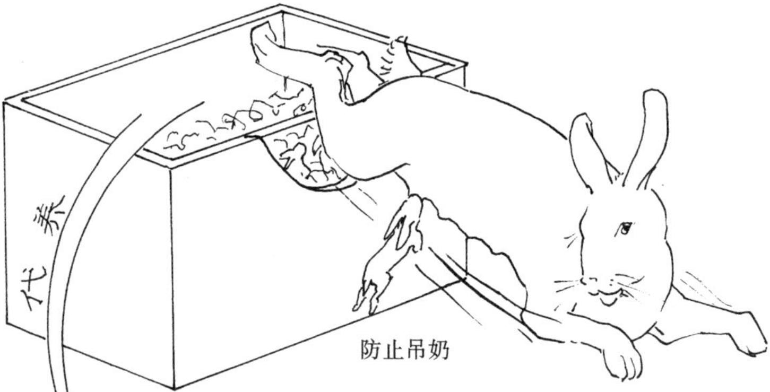

防止吊奶

仔兔寄养

仔兔落水处理

40～45 °C

仔兔冻僵急救

18天后适时开食

母、仔兔及时分笼饲养

注意在饲料中添加药物，
防止球虫病

泻和臌胀病。此时应激反应差，是一生最难养的阶段。此阶段的管理要做到三个稳定，即生活环境稳定、饲料配方稳定、饲喂时间和次数稳定。

（1）刚断奶的幼兔最好同窝养在原来的笼里，异窝不混养，经半月后再按公母、大小、强弱分笼饲养。切记，刚断奶的幼兔不要单个饲养，因为单个饲养很容易引起幼兔孤独、精神沉郁而发病死亡。注意加强运动，勤晒太阳，笼舍温度保持20℃为宜，减少应激反应，保持稳定的环境。

（2）幼兔断奶后半月之内，要仍喂哺乳期的饲料，更换饲料要逐步过渡，并及时补饲容易消化、营养丰富的菜叶、嫩草、胡萝卜、南瓜等优质青绿饲料，或配制专门仔兔饲料饲喂。切实注意夏季饲草无露水，冬季饲料无冰霜，保持饲料配方和质量的相对稳定。

（3）饲喂幼兔要掌握勤喂少给的原则，定时定量，以吃八成饱为宜，每天饲喂3～4次混合料和1～2次青绿料，萝卜块根要刮成丝或煮熟喂。保持饲喂时间和次数的相对稳定。

（4）此段时间各种疾病交替发生，要及时注射兔瘟、巴氏杆菌、魏氏梭菌三联苗和波氏杆菌、大肠杆菌疫苗，提高幼兔机体的免疫力。

（5）注意笼舍干燥卫生，严格消毒，食槽勤刷洗暴晒。冬、春季注意保暖，防止受凉。夏季严防吃腐败变质饲料，防止蚊蝇叮咬。

（6）饲料中要添加PB—号幼兔添加剂，或氯苯胍、敌菌净、长效磺胺等，防止球虫病和其他疾病发生，这是提高幼兔成活率的关键。

三个稳定要记全，注射疫苗兔三联。

笼舍干燥勤消毒，球虫防治关把严。

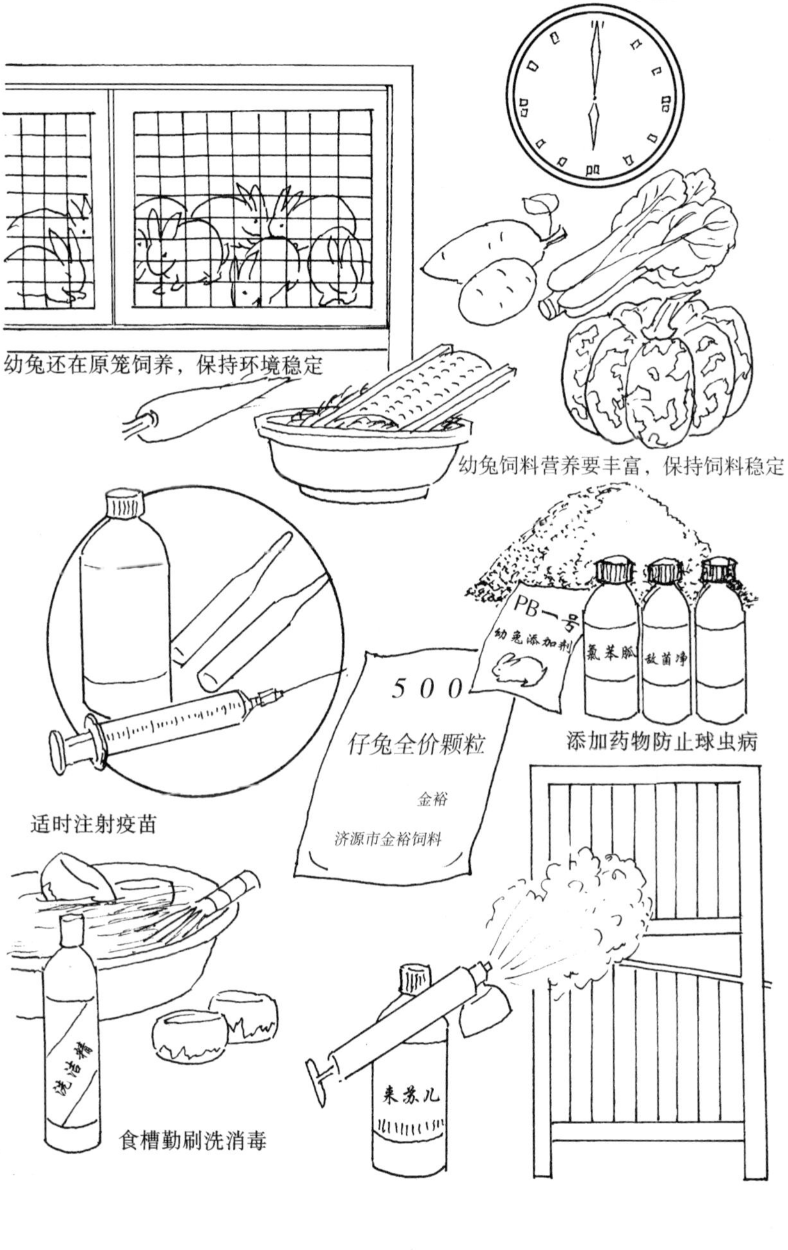

勤喂少给，定时定量

幼兔还在原笼饲养，保持环境稳定

幼兔饲料营养要丰富，保持饲料稳定

添加药物防止球虫病

适时注射疫苗

食槽勤刷洗消毒

3.青年兔的饲养管理

3个月之后到配种这段时期的家兔叫青年兔，这段时期的家兔，各种疫苗已经防疫结束，产生了对各种疫病的免疫力、抗病能力及生活能力，已适应了各种环境的变化，采食量增加，生长发育快，死亡率低，是比较好养的阶段。在饲料选择上，要以各种野杂草、树叶、作物秸秆为主，精料为辅。

青年兔阶段应当根据生产目的分群饲养，留作种用的，要根据品种特征严格选择，并要编号登记造册，公、母分开单笼饲养。作商品兔出售的，应当将公兔阉割，纳入育肥群饲养，经半月或20天育肥后及时出售。

商品兔育肥有散养育肥和笼养育肥。散养育肥即10 ~ 20只阉割的公兔养在一个圈里，每天定时饲喂。笼养育肥是每2 ~ 3只兔子放在一个笼内饲养。无论散养和笼养，光线都不要太强，要尽量限制育肥兔的运动。

公兔阉割的方法一般有两种：一种是结扎法，一种是阉割法。

（1）结扎法。固定公兔，助手保定或机械保定均可。操作者将公兔睾丸挤在一起，用细绳线将阴囊系紧，几天后便可使两个睾丸自行脱落。保定方法可将家兔四肢朝上将腿绑在小凳子上。

（2）阉割法。用手术刀将睾丸摘除。操作时先保定家兔，操作者挤紧睾丸不让回缩，而后用碘酊或酒精消毒，划破睾丸顶端阴囊，挤出睾丸，切断输精管，再将阴囊切口撒上消炎粉即可。切口较大的还要缝合切口，一般无须缝合。

青年兔子最好养，饲料管理宜粗放。

公母分笼要有别，阉割育肥送屠场。

公、母兔要分笼育肥

阉割法

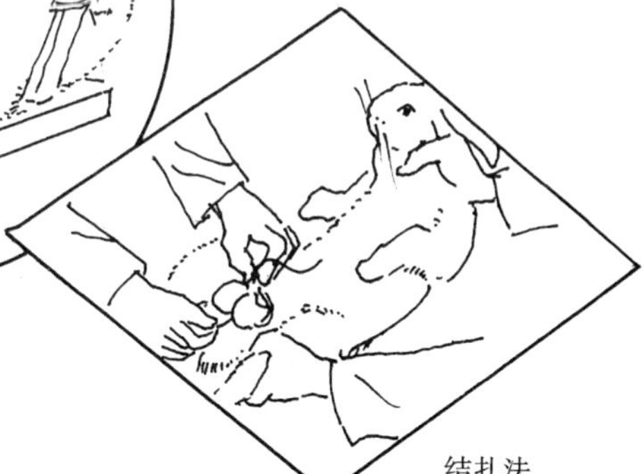

结扎法

4.种兔的饲养管理

（1）种公兔的饲养管理。

①注意选种，一只好公兔能轮流交配6～10只母兔，一年能繁殖200～300只后代。公兔质量的好坏，决定着整个兔群的质量好坏。群众关于“母兔好好一窝，公兔好好一坡”的说法是很有道理的。因此，要根据品种特征，选择个体大、外表雄壮、体型丰满、性欲旺盛的公兔作种用。一定要无隐睾、单睾现象。

②选择种公兔要从幼兔着手，挑选生长发育快、个体大的留种，3月龄开始单笼饲养。并且要为其编刺耳号，详细记录其血缘关系。

性旺体壮无隐睾，日配两次别滥交。

注意锻炼壮体质，饲料营养蛋白高。

③选留的种公兔，要注意每天运动2～3小时，补充营养丰富的饲料，合理进行配种使用。要保持运动、营养、种用三者平衡。运动是保持公兔体质健壮、性欲旺盛的措施。公兔的运动场要硬化地面，防止打洞，还要为其建立跳台，让其跳跃，锻炼体质。方法是在运动场中央或一侧，建一梯形台阶或平面台子，兔子即上台阶或平台活动。其笼舍空气要新鲜，光线不可太强，以半阴半阳为好。丰富的营养是公兔维持生命活动、产生精液的物质基础。所以公兔饲料中必须含有丰富的蛋白质和维生素A，青绿饲料以优质青草、菜叶、胡萝卜、南瓜为主，精饲料以玉米、豆粕、麸皮、鱼粉为主，合理使用。种用是饲养公兔的目的，是专门用它与母兔交配的，一定要注意使用年龄和次数，一般品种公兔7～8月龄开始配种，每天配种1～2次，每配种两天要让其休息一天，以利体力的恢

复和精子的生成。刚喂饱时不要配种；冬季配种后不要马上饮用冷水，要用温水。工厂化、规模化兔场，专门用于采精进行人工授精的种公兔，每天要喂一次煮熟的黄豆5~10粒，以产生强壮的精子和数量。

（2）种母兔的饲养管理。种母兔是养兔的基础，凡是经过挑选，符合品种特征，具备母兔条件，专门用以繁殖生产的母兔就叫种母兔。种母兔在养兔生产中的作用至关重要，它除了要维持和保证自身的生长发育外，还承担产毛长肉、妊娠养胎、产仔哺乳等负担，一生中身体消耗极大，因此在种母兔的选择、饲养管理方面，一定要根据不同生理阶段的特点，采取不同的措施。

严格选择后备母兔。选择的基本要求和目标是：已达到配种年龄和体重，各方面已经发育成熟，毛色、外貌、体型符合该品种的基本特征。所选择的母兔应姿势端正、四肢稳健、被毛洁净而富有光泽，检查阴部没有炎症和麸皮样结痂，有四对奶头以上，除公羊兔和塞北兔外耳不下垂，四脚、耳、鼻没有疥癣发生，眼睛明亮有神，听觉灵敏。具备了这些条件才可留作种母兔。

母兔4~5月龄即有发情表现，选择的种母兔从3月龄就应和公兔分开单笼饲养，避免乱配早孕，早产早衰，影响以后的生产水平和利用年限。后备母兔一般在6~7月龄，体重达到成年体重的70%时即可配种生产。过晚配种，会使母兔发胖，子宫内沉积脂肪，发情迟钝，影响以后配种生产。

母兔选择有讲究，一般应有八奶头。
四肢稳健耳不垂，阴无炎症毛如绸。

选择优秀的公兔作种用

每天配种1～2次为宜，
加强公兔跳台运动

5.妊娠母兔的饲养管理

（1）妊娠母兔管理的关键措施是要注意加强饲料营养补充。母兔怀孕后，除满足自身生长的营养需要外，还要满足胎儿的生长发育，在饲料供给时不但数量要有足够的保证，而且在质量上也必须有所保证。胎儿发育需足够的蛋白质、矿物质和维生素，所以母兔怀孕后要多喂些玉米、麸皮、豆粕或花生饼及骨粉，并多喂一些鲜嫩、营养丰富的青草、菜叶及块根类蔬菜。

如果孕兔饲料中缺乏蛋白质、矿物质和维生素，则弱胎、死胎增多，生下的仔兔大小不均，生长发育缓慢，且容易患佝偻病。

（2）母兔怀孕后，除保证饲料营养外，还要注意兔舍安静，防止孕兔因受惊扰而发生死胎、流产，造成不必要的损失。防流产措施：孕兔单笼饲养，防止打斗发生；严防狗、猫、猪、羊或其他动物进入兔舍；不要在盛大节日时让母兔受孕，以免因燃放鞭炮使母兔受惊吓而发生流产；严禁机动车辆进入或靠近生产兔舍。

（3）母兔怀孕15天后即有衔草垫窝和拉毛现象，要及时准备一些柔软干净、无发霉味儿的干草，在临产前5天及时放入产箱，让母兔衔草拉毛，准备分娩。准备的垫草不可过长，放入产箱前应经日光暴晒，以起到杀菌消毒的目的。

母兔孕后别惊扰，一兔一笼放产巢。
精心护理加营养，母壮仔胖效果好。

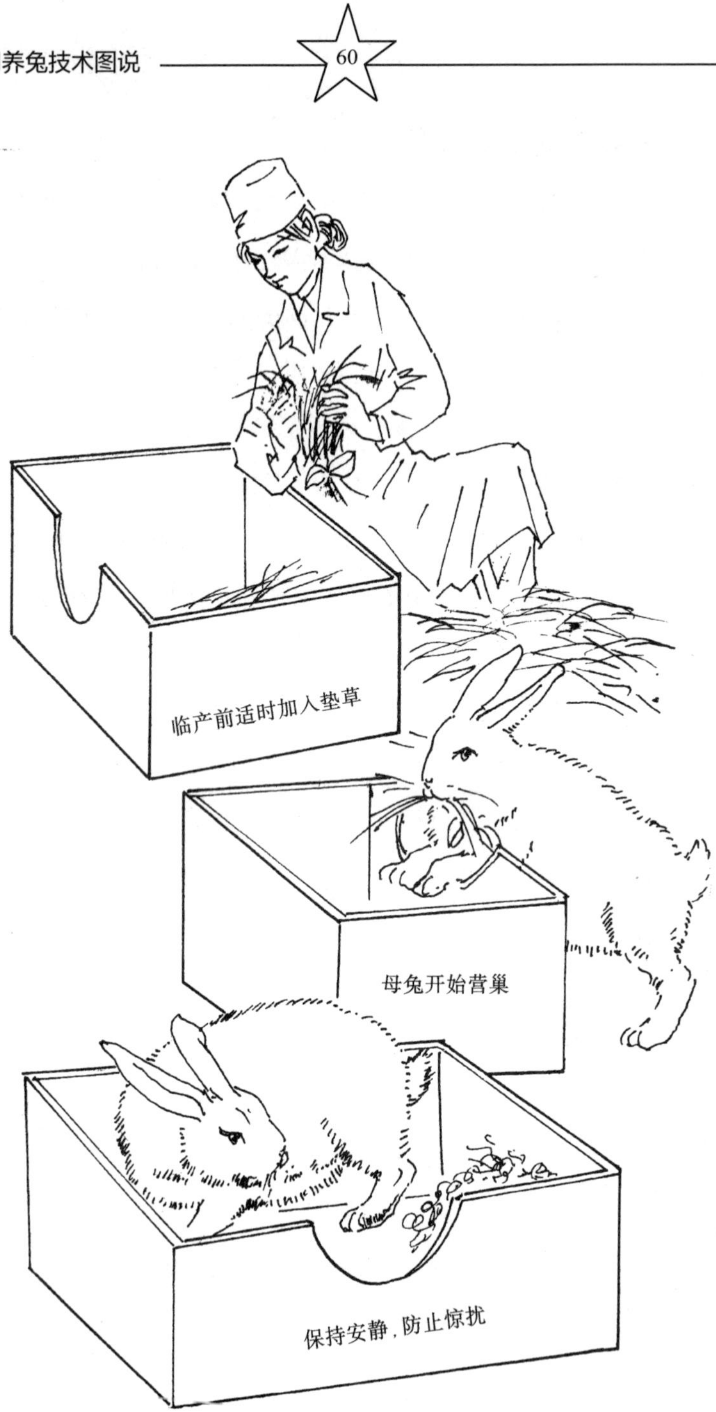
临产前适时加入垫草
母兔开始营巢
保持安静，防止惊扰

6.哺乳母兔的护理

（1）母兔分娩时，要绝对保持笼舍安静，严禁在母兔分娩时好奇围观和大声喧哗，否则会造成分娩母兔精神惊恐不安，突然跳出产箱，将仔兔产于产箱外或在产箱里将仔兔踩死。

（2）当母兔分娩完毕跳出产箱后，要及时备好食料和红糖水。可将产箱端出，检查产仔数，拣出死胎、污草、血毛。如产箱内草少，要及时补加垫草，而后用草将仔兔盖好，做好记录，贴上卡片将产箱放回兔笼。

（3）母兔产后要及时检查是否拔毛；如果产箱内没有兔毛覆盖仔兔，很容易将仔兔冻死。对于不拔毛或拔毛少的母兔，要人工拔毛，以刺激乳腺泌乳。拔毛方法是：左手抓住兔耳和颈皮，使其腹部朝上，右手用中指、食指和拇指三个指头掐着奶头周围的兔毛一撮一撮地拔，动作要轻快，不可粗暴。

（4）对于有奶而拒绝哺乳的初产兔，要人工协助哺乳。方法是将母兔轻轻放入产箱，一手轻抓兔耳扶头，一手在兔的肩胛处轻轻按摩，此时母兔会弓背，仔兔即可在腹下哺乳。如此训练2～3次，母兔即自动按时哺乳。

（5）及时检查仔兔的吃奶情况和母兔乳头及腹部变化。若母兔乳头焦干有盖，说明母兔缺奶，要及时补喂催乳片，每次2片，日服2次。要及时给母兔补饲青绿多汁饲料，或喂王不留行、虫卧单、益母草催其下奶。随着仔兔的生长，1周后要逐渐增加母兔的喂料量。

母兔产时别惊扰，备好糖水和饲料。
无奶拒哺喂药草，协助哺乳和拔毛。
产后断奶称空怀，哺乳消耗体质衰。
若要配种再产仔，快补营养壮起来。

母兔产仔时不要围观

及时放入糖盐水

拣出死胎，做好记录

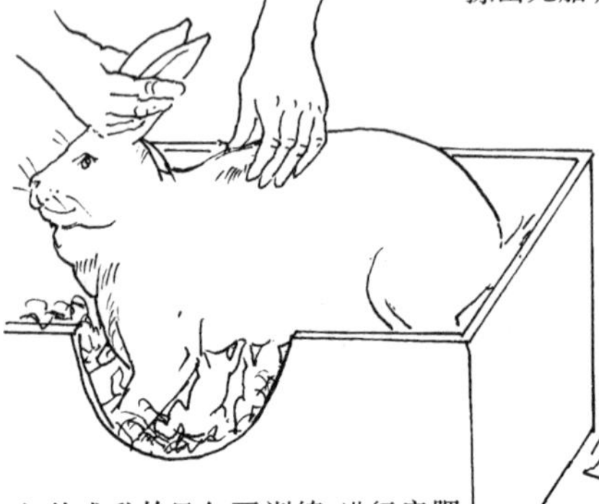

拒绝哺乳的母兔要训练,进行肩胛按摩

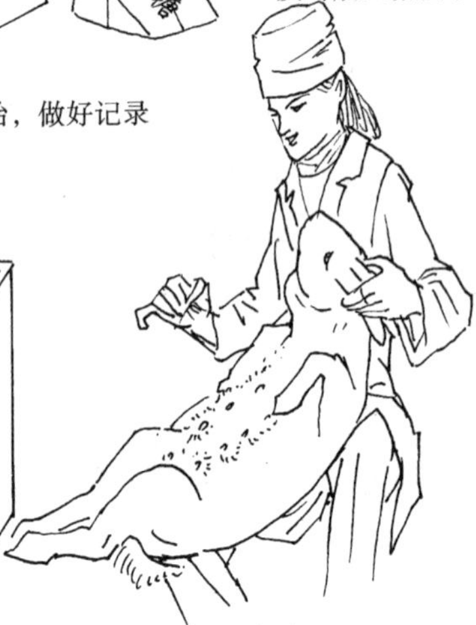

人工拔毛方法

虫卧单可使母兔下奶

母兔无奶,每日喂2次催乳片，每次2片

（6）母兔产仔时，常常一边产仔，一边吞食胎盘。母兔的胎盘含有丰富的营养，并有催乳作用，对于不食胎盘或胎盘漏到笼底下的，应将胎盘捡起洗干净，让母兔吃掉。

（7）母兔分娩前一两天，因胎儿在腹内活动造成母兔腹痛不安，食欲减退或者停食，而产后又饥又渴，这时一定要为临产母兔备好水和饲料，让其产后及时采食。如果母兔产后找不到水喝或找不到饲料吃，常将仔兔当胎盘误食，严重的会发生食仔癖，对以后生产不利。注意产后1周内喂料不宜过多，1周后逐步增加喂料量。

（8）为了防止母兔因食胎盘或采食饲料过多引起消化不良，且预防母兔乳房炎和仔兔黄尿病的发生，要在产后喂服1片磺胺甲基异噁唑（SMZ）和2片大黄苏打片，连喂3天。服用方法是将药片研碎撒于饲料表面自由采食或直接口服。

（9）对于一次不能将胎儿全部产下，或者腹中留有死胎的，超过30天有努责表现仍不分娩的母兔，要及时注射催产素（缩宫素）1支，帮助分娩。捕捉母兔的动作一定要轻，放回兔笼的动作一定要稳，不要使母兔受到惊吓。

（10）母兔产仔后，要及时做好记录，清点检查产仔数量及哺乳和发育情况。对于产仔过多、奶不够吃的母兔，可酌情让产仔少的母兔代养2～3只；被代养仔兔要在代养母兔产仔前提前半天放入代养母兔产箱，防止因气味不同被母兔咬死。冬、春季节产后可将产箱端出，定时哺乳。特别要注意冬、春季节对产后仔兔的保暖工作。产箱端出后要贴上卡片，记录笼号、产箱号、母兔号、产仔日期、产仔数量等，然后用旧棉被或破麻袋盖好保暖。

母兔产后嘴变多，一群仔兔吃一个。
一周之后多加料，奶足仔饱母不弱。

母兔分娩情况

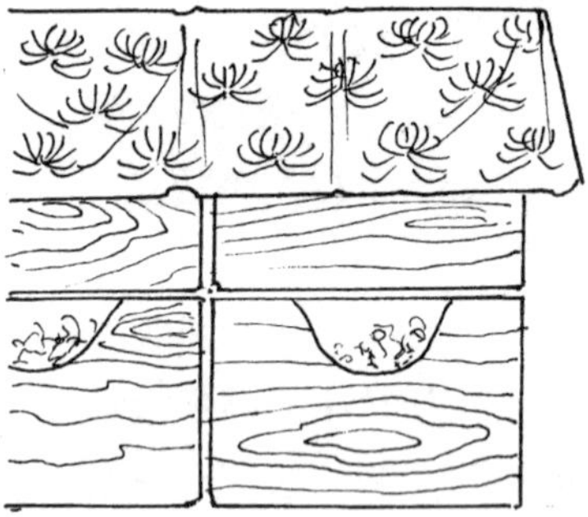

注意保暖

产后及时吃料喝水

产后做好记录

注射催产素催产

（四）不同用途家兔的饲养管理

1.獭兔的饲养管理

（1）獭兔饲养管理的特点。

①被毛颜色多彩斑斓，有黑、白、红、棕、黄、灰、褐等10多种颜色。其皮毛单位面积的绒毛根数多而细，且平整结实紧凑，手感平滑温暖丰满，具有美、平、轻、柔、细、密、短的特点。獭兔的毛长一般在1.6~2.2厘米，密度为1.5万~3.5万根/厘米^2，并且戗毛不突出绒毛表面。

②獭兔的换毛分年龄性换毛和季节性换毛。年龄性换毛从40日龄开始，到150日龄结束，绒毛生产及有色兔的色素合成即停止。因此应在150~160日龄于色泽光润丰满、被毛浓密平整时，适时取皮。如错过这段时间取皮，170日龄后獭兔又开始第二次年龄换毛，持续4~5个月结束，无疑会增加饲料成本影响经济效益。季节性换毛即春、秋两季换毛。秋季换毛结束的兔皮质量好，俗称冬季皮；春季换毛结束的兔皮质量稍差，俗称夏季皮。

③獭兔是以取优质贵重裘皮为主的，环境不宜污秽，不宜粗放饲养，饲料营养水平要求较高，一生中以全价饲料为主，一般消化能应在11.30兆焦/千克以上，粗蛋白质应在18%以上。还应掌握前期高、中期稍低、后期高的原则。

④獭兔不能与一般肉兔或皮肉兼用兔杂交，否则皮毛退化，品质降低，失去其贵重价值。幼兔断奶后即公母分笼饲养，公兔要适时全部阉割后小群饲养。

⑤要根据獭兔的换毛规律及皮毛的特点，强化饲养管理，注意环境卫生，合理配合饲料，缩短饲养周期，掌握春、夏季多繁殖留种，冬季多取皮的原则，提高兔皮质量，提高经济效益。

色彩斑斓獭兔皮，美平轻柔短细密；

换毛过后及时采，营养宜高切莫低。

多彩獭兔

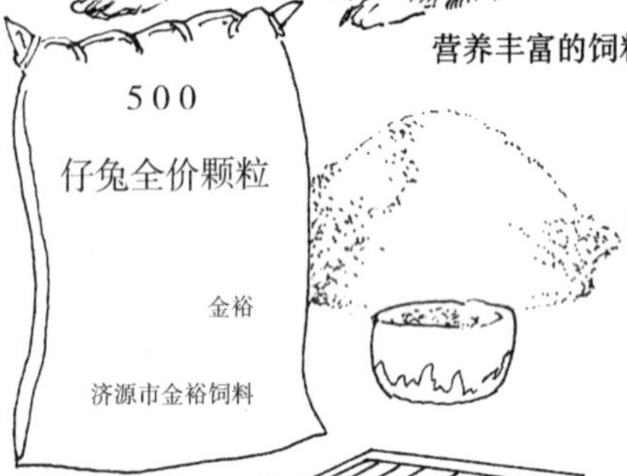

营养丰富的饲料

春夏多养兔

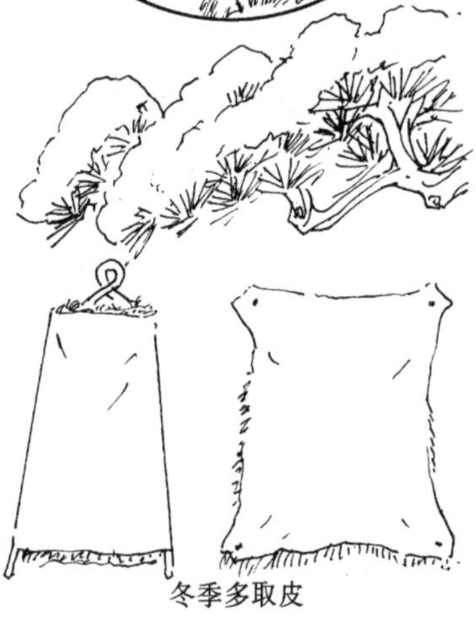

冬季多取皮

（2）獭兔的换毛顺序。獭兔换毛并非一次同时换下，而是经几个月时间，从某一部位开始逐渐向其他部位扩展一点点脱换的。獭兔换毛部位首先从额头开始，其他部位顺序是：颈部—前胸—背部—两侧—臀部—腹部。未脱换齐的毛皮，可以看到明显的边缘界线，由此可知道距换毛结束的大致时间。一般来讲，腹部换毛完毕，全身平整光亮，便意味着换毛结束。

（3）獭兔皮的取皮要求。

①獭兔取皮时，一定要在第一次换毛全部结束、第二次换毛尚未开始时进行，即150~160日龄时宰杀取皮。其质量要求是毛色要纯正、平整、浓密、丰厚、洁白、油润、光亮。符合色型特征，富有弹性，厚薄适中，板皮干净，被毛不易脱落。

②不取换毛皮。正在换毛的兔皮凹凸不平，长短不齐，质量不好。

③不取产仔哺乳母兔皮。产仔母兔因产仔时将腹部的毛拔下，腹部毛少或无毛，仅剩巴掌大一块儿，其利用价值不高。

④不取患有疥癣、脱毛癣或患有真菌皮肤病残缺的兔皮。这类兔皮缺毛或毛根已脱断，经鞣制后，几乎就没有毛了，失去了经济价值。

⑤取皮时要保持皮毛清洁，无污染和血迹。如剥板皮，要割头去尾，沿腹部中线割开，注意不要割斜割偏，否则将降低质量等级。

⑥夏、秋季取皮一定要用盐腌渍。用盐量大约是毛皮重量的20%，每张皮约100克。腌渍时，一定要将盐撒匀，揉搓到边，毛对毛、肌板对肌板的向上堆放。腌渍24~72小时（夏、秋季短，冬、春季长）即可揭开。在通风处晾干，也可在弱光下晒干。切忌在烈日下暴晒和受雨淋。暴晒后的兔皮易出脂失去弹性，雨淋后易发霉变质降低等级。若要钉在木板上晾晒，注意保持自然伸展，不要将四边拉得太紧；否则，干燥后纤维易拉断，没有弹性，降低等级。

不要取正在换毛、有明显边缘界线的兔皮

不要取咬伤或缺毛的兔皮

不要取龟盖皮

不要取有脱毛癣或掉毛皮

不要取哺乳母兔皮

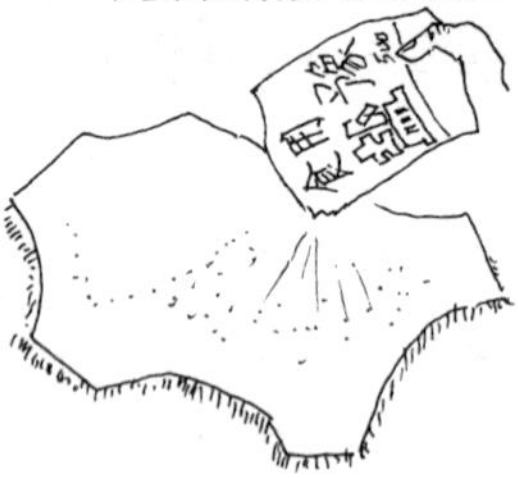

取下的兔皮一定要用盐腌渍

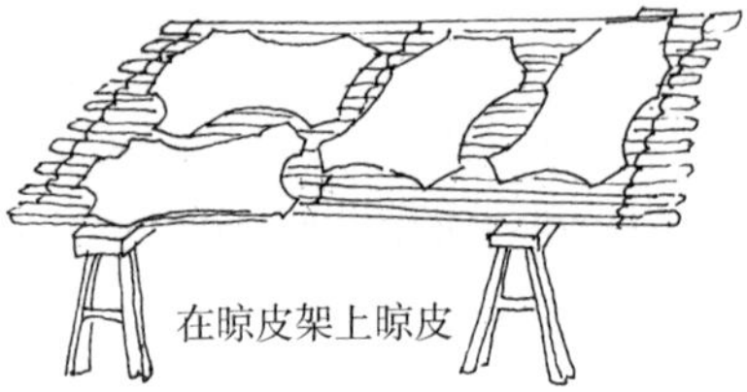

在晾皮架上晾皮

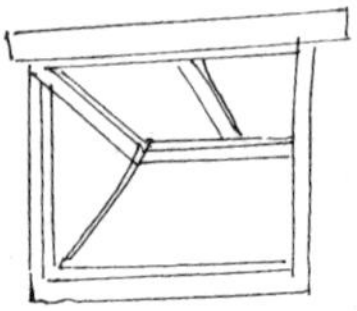

存放兔皮的仓库一定要干燥、通风

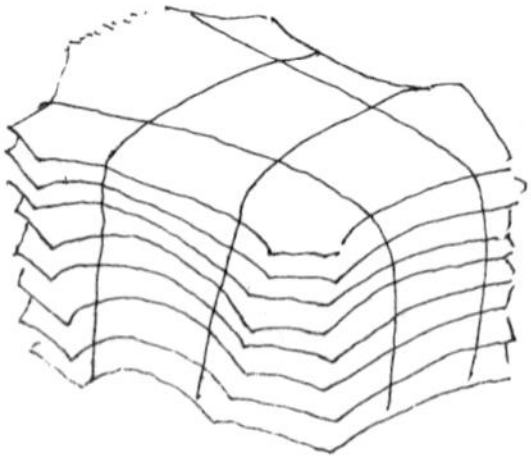

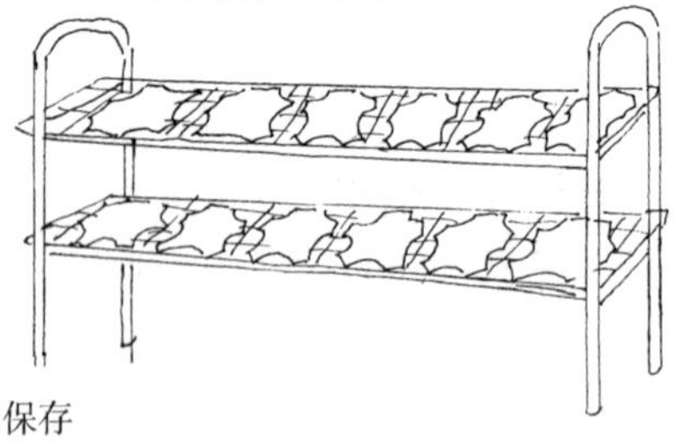

晾干的兔皮要毛对毛、肌板对肌板打捆保存

⑦晾干的兔皮要毛对毛、肌板对肌板打捆入库保管。每捆50张或100张。库房要通风、干燥。要有专门的货架或竹笆堆放，切忌直接放到地上，以免受潮。为了防止蛀虫，要经常喷洒灭害灵和检查晾晒，适时出售或鞣制加工。

（4）獭兔皮的取皮方法。取皮时，要掌握不使兔皮穿孔受伤和污染的原则。要先用棒击、电击、静脉注气或颈椎错位等方法将兔处死后再剥皮。剥皮方法是将兔的后右腿用绳子或铁丝拴起倒挂在剥皮架或树杈上，割去尾巴后，用剥刀沿左腿飞节处朝右腿飞节处，沿大腿内侧、阴部上方呈直线捅开，横切飞节处腿皮，两腿皮翻过臀部之后，用力将整个皮筒拉下，到颈部耳根处将皮筒与头部分割，即呈毛朝里、皮朝外的筒皮，用撑皮架脖朝上、臀朝下支撑好，挂在阴凉通风处晾干即可。若剥板皮时，可在皮筒拉到颈处后与头部分割前，沿兔下颌朝腹部中线切开，而后捅开前肢皮孔即呈长方形板皮。剥下的板皮要自然伸开铺在专用的晾皮板上，将四角四周用小钉钉好，放阴凉通风处晾干。

（5）兔皮撑子的制作方法。兔皮撑子一般用8号铅丝和宽2～2.5厘米、长130～150厘米的竹片或楔形木板制作。用竹片制作皮撑时，先将竹片四角棱刮光不留结节和竹刺，之后，再将竹片放温水中浸一浸，而后用麦秸火将竹片中间烤热，自中间将竹片弯成“∩”形，两头用绳子拉住，即呈撑皮架。晾干的兔皮要肌板对肌板、毛对毛摆放叠好，放些樟脑丸，在通风干燥处保管。

皮韧面色厚薄适，把握獭兔取皮时。
处死剥皮莫污染，板皮平晾筒皮支。

（6）獭兔的选种。饲养獭兔的目的是获取优质皮毛，取得较好的经济效益，所以要根据市场需求，选择生长快、个体大、绒毛平整稠密、针毛少的种兔，千万不可到市场上随意购买退化的獭兔或商品兔饲养。如近几年国际市场和国内獭兔服饰加工企业需要的服装路和毛领路獭兔皮，绒毛长度要求为1.8~2.2厘米，所以就要选

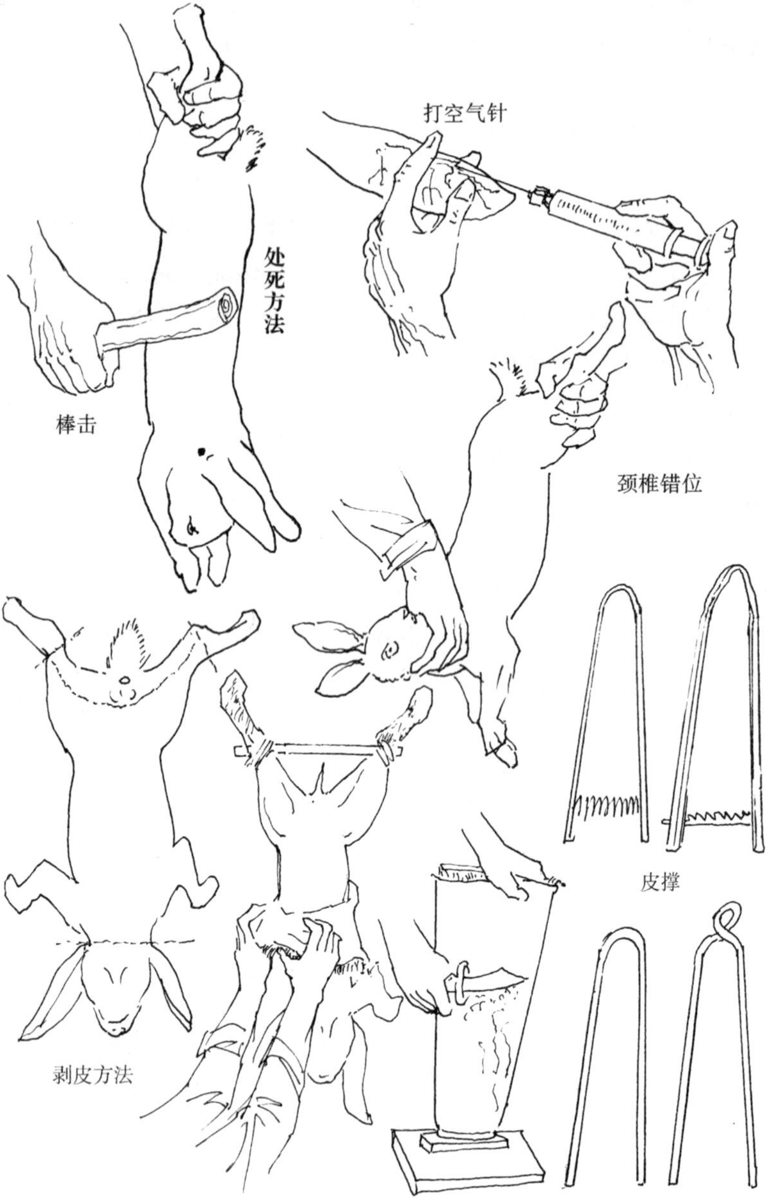
处死方法
打空气针
棒击
颈椎错位
皮撑
剥皮方法

择中系獭兔和法系獭兔饲养，法系獭兔可靠的供种单位为济源市区划种兔场。在同等条件下，饲养这两种獭兔要比饲养其他品种的獭兔易出手，并且经济效益高。服装加工企业在加工时，要对绒毛剪平，中长毛型的可以根据需要酌情剪短，而短毛型的却不能变长，原因就在这里。

（7）獭兔的饲料。獭兔不但需要各种营养丰富的块根和各类野杂草，而且一生中都要饲喂全价饲料并对各种营养要求都比较高，如蛋白质及各种氨基酸、矿物质、维生素等。獭兔的主要产品是皮毛，而皮毛的形成主要靠蛋白质和氨基酸等，所以獭兔饲料的各种营养成分不但要高，而且要保持相对平衡。否则，兔子养大了皮毛质量不好。

獭兔的饲料营养应掌握三个阶段。18~60日龄的仔幼兔：粗蛋白应达到18%~19%，粗脂肪3%~5%，粗纤维10%~12%，消化能11~12兆焦/千克。61~120日龄：粗蛋白15%~16%，粗脂肪2%~3%，粗纤维14%~15%，消化能9~10兆焦/千克。121~150日龄：粗蛋白17%~18%，粗脂肪3%~4%，粗纤维11%~13%，消化能10~11兆焦/千克。为了能使饲料全价化且各种营养相对平衡，在生产中除95%以上的饲料自筹外，最好能购买和使用专门厂家生产的仔兔全价料或预混料。如河南省济源金裕饲料有限公司生产的500仔兔全价颗粒料或506獭兔浓缩料。通过实践，效果很好。使用预混料和浓缩料可以减少购买各类氨基酸和微量元素的麻烦，并且附带有成功的参考配方，按说明添加就可以了。

（8）獭兔饲料的加工。獭兔喜欢食用颗粒饲料，如自己加工颗粒饲料，一定要购买使用新型干进干出的颗粒饲料机。这种新型颗粒机轧出的料不加水，硬度高，光滑，熟化深透，杀菌消毒，易消化吸收，獭兔爱吃，饲料利用率高，易储存保管。

（9）獭兔皮的质量标准。獭兔皮鞣制好以后，根据当前市场需求被分为三路，即毛领路、服装路和编织路。对其各路等级、被

法系獭兔

中系獭兔

选择品质优良的獭兔良种

多喂块根及各种青绿饲料

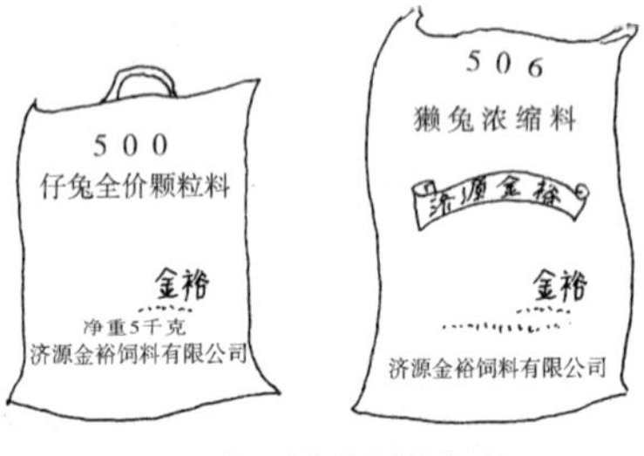

饲喂全价颗粒饲料

使用促生抗病添加剂

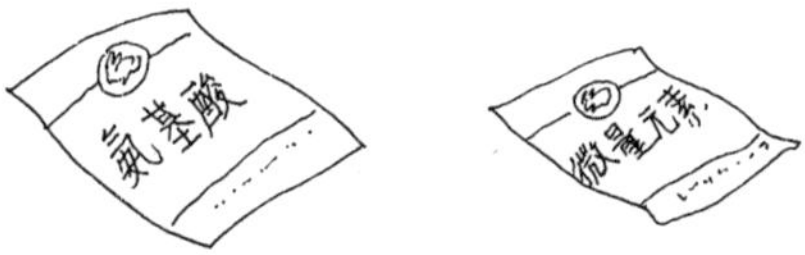

补喂多种氨基酸和微量元素

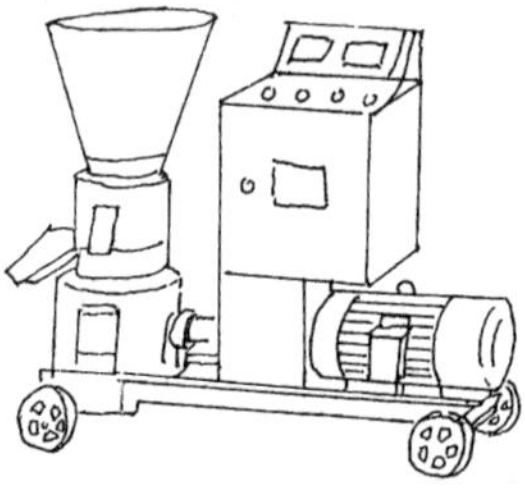

选用新型干进干出的颗粒饲料机加工饲料

毛长度、密度及板皮面积都有一定标准。毛长要求在1.6~2.2厘米，以1.8~2厘米最好，毛过长意味着品种退化。因为做服装时，要将被毛剪平，2.2厘米可以剪平剪短至1.6厘米或2厘米，而短毛则不能变长。不能低于1.6厘米，同时也不能超过2.2厘米，过长意味着品种退化。

被毛的密度要求为2.5万~3.5万根/厘米^2，低于2.5万根/厘米^{2}的种兔则应及时淘汰。被毛的密度、长度、平整度、光泽都达到品质要求则板皮面积越大越好，售价等级更高。

具体等级规格的要求是：宰剥适当，割头去尾和小腿。

①特级：绒毛特密丰厚、平整、细洁、富有弹性，毛色纯正、光亮油润。无突出的针毛，无旋毛，无损伤，板质好，厚薄适中，全皮面积在1 400厘米^{2}以上，绒毛密度3万根/厘米^{2}以上。

②一级：绒毛丰厚平整，细洁富有弹性，毛色纯正，光泽油润，无突出的针毛，无旋毛，无损伤，板质良好，厚薄适中，全皮面积1 200厘米^{2}以上，绒毛密度3万根/厘米^2。

③二级：绒毛较丰厚，平整，细洁，有油性，毛色纯正，板质、面积和绒毛与一级皮相同，在次要部位可带少量针毛。全皮面积在1 000厘米^{2}以上，具有一级皮质量，次要部位有小的损伤，绒毛密度2.3万根/厘米^{2}以上。

④三级：绒毛略稀疏，欠平整，板质和面积符合一级皮要求，全皮面积在800厘米^{2}以上，或绒毛与板质符合一级皮要求。在主要部位有小的损伤或具有二级皮标准，在次要部位有小的损伤，绒毛密度1.6万根/厘米^{2}以上。

等外皮的绒毛长度均应达到1.6~2.2厘米，板皮和不符合等内要求的皮列为等外皮。等外皮表现为宰杀不当的剪偏皮、品质虽好的拉伸皮（失去弹性）、针毛皮、季节换毛皮、掉毛皮、哺乳母兔皮、竖沟皮、龟盖皮、亏寸皮等。

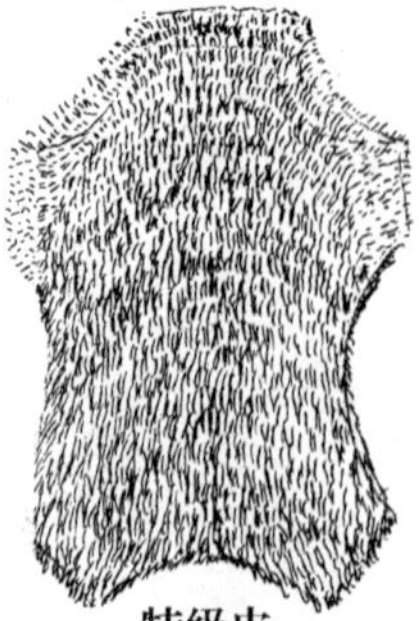

特级皮

绒毛丰厚、细洁、平整，富有弹性，无针毛，无旋毛，全皮面积在1 400厘米^{2}以上

一级皮

绒毛丰厚、平整、细洁，无针毛，无损伤，全皮面积在1 200厘米^{2}以上

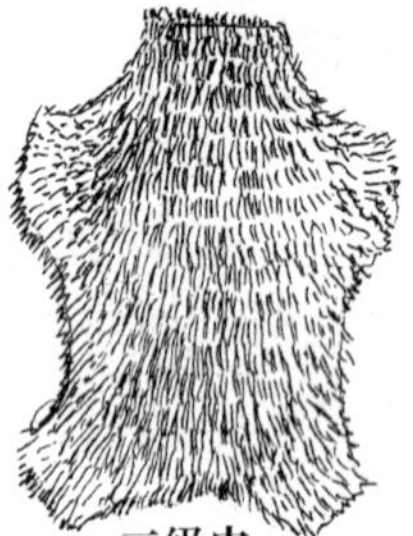

二级皮

绒毛较丰厚、平整、细洁，板皮面积与一级皮相同，次要部位有少量针毛，全皮面积1 000厘米^{2}以上

三级皮

绒毛略稀疏，欠平整，全皮面积或绒毛符合一级要求，但次要部位有损伤，全皮面积800 厘米^{2}以上

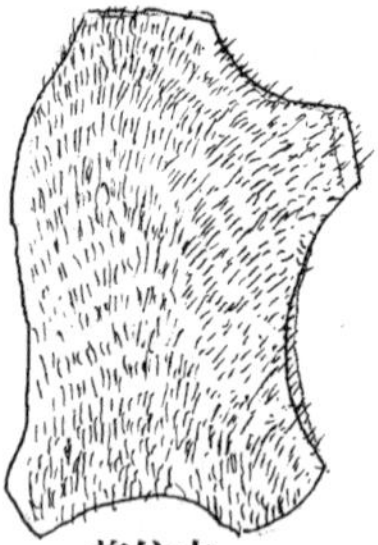

剪偏皮

尺寸、皮毛质量都好，由于宰杀时将皮剪偏而等级受较大影响

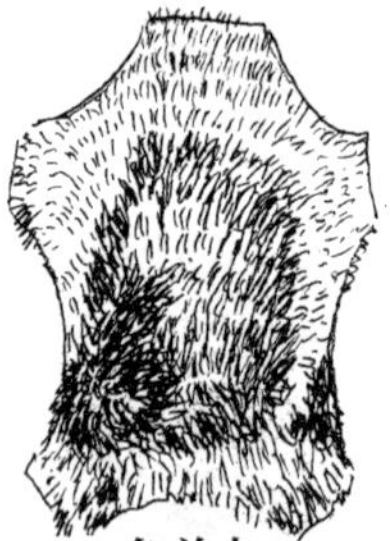

龟盖皮

整张皮子鞣制后，四边无毛或毛稀，像一个龟盖，这样的皮很不值钱

针毛皮

这种皮也叫戗毛皮，是种兔不合格造成的，平时看到毛稀有戗毛，加工后针毛更明显了

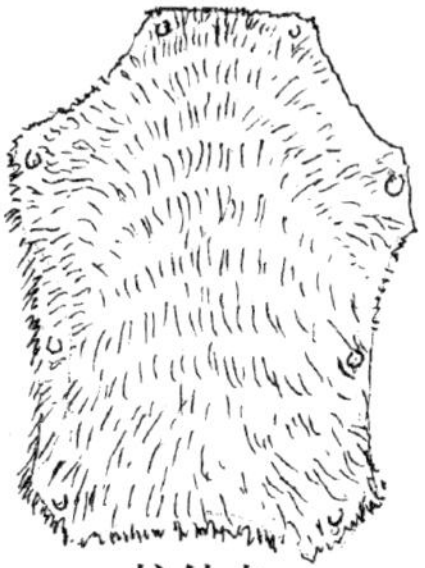

拉伸皮

这种皮是由于剥皮后，为了使皮张面积大，过力拉伸，晒干后纤维就断了，好皮也不值钱了

换毛皮

正在换毛或换毛未结束的皮不要取，等毛长齐长平后再取就是一张优质皮

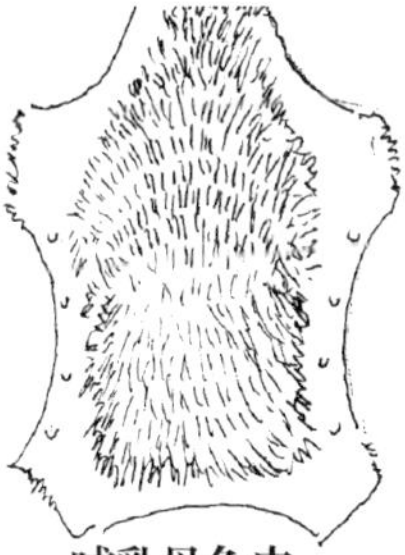

哺乳母兔皮

产过仔的母兔，腹部的毛尚未长齐或长不出来了，皮张只有背部巴掌大一块儿，腹部不管用

掉毛皮

这张隐隐约约的圈圈外没毛了，这是兔子患了脱毛癣和真菌皮肤病，一经鞣制毛就掉了，成了废皮

竖沟皮

隐隐约约有几道毛短或毛稀的竖沟和缺陷，造成整张皮不平，等一段时间皮长平后再宰杀就好了

2.长毛兔的饲养管理

长毛兔和其他家兔的饲养管理方法基本相同，这里只介绍其特殊的技术要求。

（1）长毛兔的配种方法。当母兔有发情表现需要配种时，要用剪刀将母兔和公兔阴部的毛全部剪去，同时用75%的酒精或高锰酸钾消毒，以便公兔交配时能顺利将阴茎插入母兔阴道。

当为公兔剪毛时，要特别注意不要剪破阴囊和睾丸，当剪破时要及时用碘酊涂抹消毒，而后用SMZ研末，敷于伤口，以免感染化脓，造成阴部糜烂而失去种用价值。

（2）长毛兔产仔后，要及时用剪刀将其撕下的毛剪短，以免将仔兔缠死。

（3）长毛兔以产毛为主，年产仔3～4胎为宜。为了获得高产优质兔毛，35天应及时断奶。仔兔满月后公、母即及时分笼饲养，留作剪毛用的公兔要及时阉割，以便获得优质高产的兔毛。平时要定期为兔梳毛，防止结毡。

（4）长毛兔的饲料营养要丰富。含硫氨基酸（蛋氨酸和胱氨酸）、豆饼、鱼粉、玉米等蛋白质饲料含量要高，剪毛后第一个月蛋白质含量在17%以上，2～3个月在16%以上。

（5）夏季长毛兔剪毛后，要进行一次药浴，以减少皮肤病和疥癣病的发生，促使兔毛再生加速，达到产毛数量和质量提高。药液的配制方法是：5 000克温水加20克精制敌百虫，研末溶于水后再加硫黄粉15克溶解后洗浴。土槿皮、苦参各100克，加水2 500克，水煎后滤出药液，再加硫黄粉100克，温水5 000克搅匀后药浴。药浴前先让兔子吃饱喝好，然后抓住耳朵头朝上放入药液中洗。先洗全身，后洗头部和耳朵，注意不要呛水。洗后擦干即可。

毛兔饲养有特点，配前阴部把毛剪。
营养宜高仔宜少，梳毛药浴毛高产。

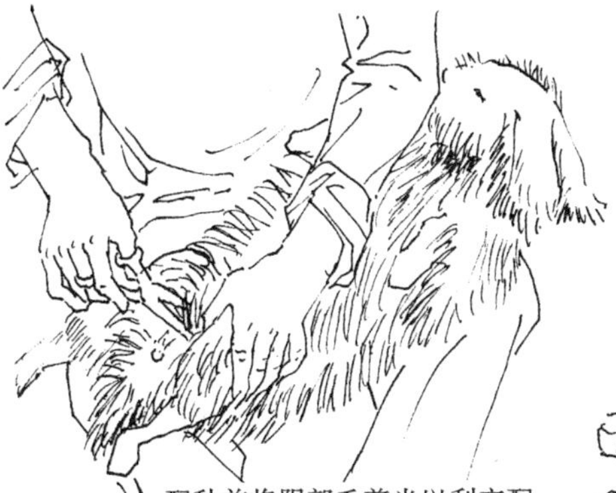

配种前将阴部毛剪光以利交配

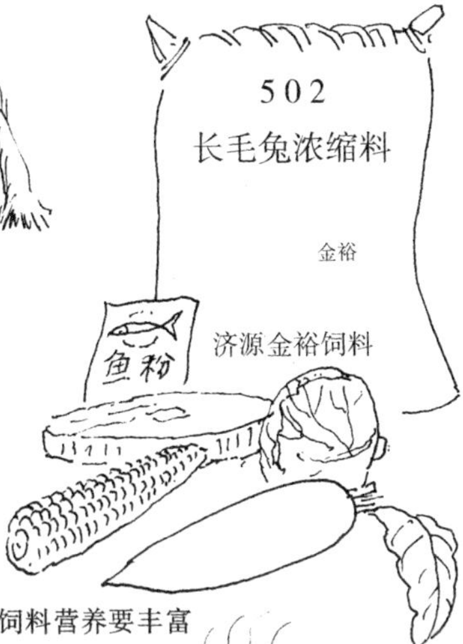

长毛兔饲料营养要丰富

年产3～4胎为宜

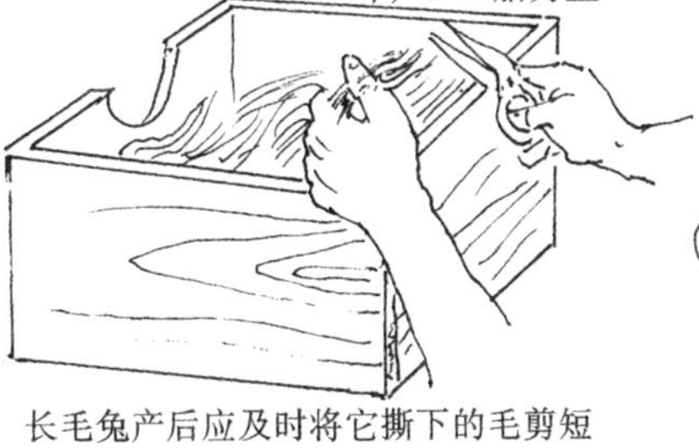

长毛兔产后应及时将它撕下的毛剪短

药浴方法

（6）适时剪毛，防止结毡。长毛兔每3个月要剪1次毛，1年剪4次。冬季剪毛后，笼里要放保暖箱（加垫草）让兔栖息，防止因剪毛后受凉发生感冒或肺炎。等1个月后毛长出来，再将保暖箱端出，防止毛上沾带草屑，影响兔毛质量。注意，剪毛时背上的毛先不要剪，以利保暖，等腹部两侧的毛长出后再剪。

（7）因长毛兔特别怕热，夏季要注意舍内饲养密度不要过大，即要分笼疏散，减少热源。特别应注意不要让兔毛结毡，以免中暑。高温到来之前要将兔群全部剪毛，剪毛1周后适时进行药浴。

为了防止剪毛后蚊蝇叮咬，也可像冬季一样被毛留着不剪。

（8）长毛兔的采毛方法。一般采用拔毛和剪毛两种方法。

拔毛方法：拔毛比剪毛方法好，在一个采毛期内，拔毛的经济效益能提高30%以上。方法是每隔30～40天将腹背较长的毛拔去一些，不但能防止结毡，多采优质毛，而且还能提高家兔的食欲。拔毛时，先将兔子放在采毛台上，用梳子梳理顺后，自臀部开始，用拇指、食指和中指捏着兔毛顺着毛的方向，一小撮一小撮地拔。拔完臀部后，若冬、夏背部需留毛时再拔腹部两侧的毛。拔毛时动作要轻稳、不要硬拔。拔下的毛要顺着毛茬的方向摆放整齐。

剪毛方法：先在剪毛台上将毛梳理顺，然后在脊背中间将毛向两边分开，使中间呈一条直线，然后自中线一行一行地剪，不要回刀剪二茬毛。剪毛时要将皮肤绷紧，不可凸出体面以免剪伤。剪腹部毛时，注意不要剪破乳头和公兔的阴囊，怀孕兔腹部的毛要留下，以备产仔拉毛保暖。

剪下的毛要按等级存放，不要混杂，以免影响兔毛价格。剪下的兔毛若暂时不出售，可放入纸箱中，里边放几粒樟脑丸，以防虫蛀。

一年四次把毛剪，注意分级来保管。
背上留下一缕毛，夏防蚊叮冬防寒。

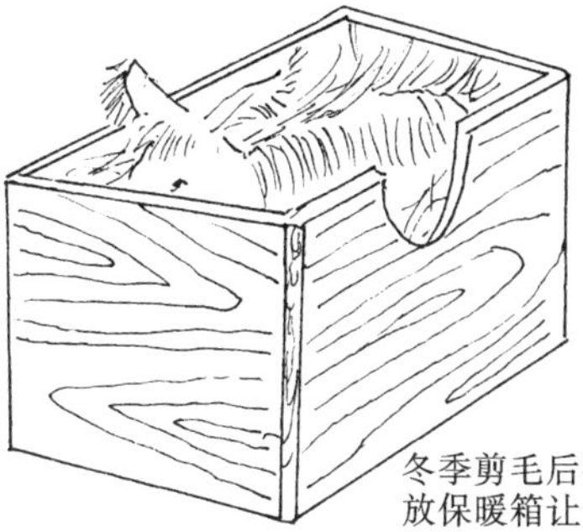

冬季剪毛后要放保暖箱让兔栖息

夏季剪毛后单笼饲养，降低饲养密度

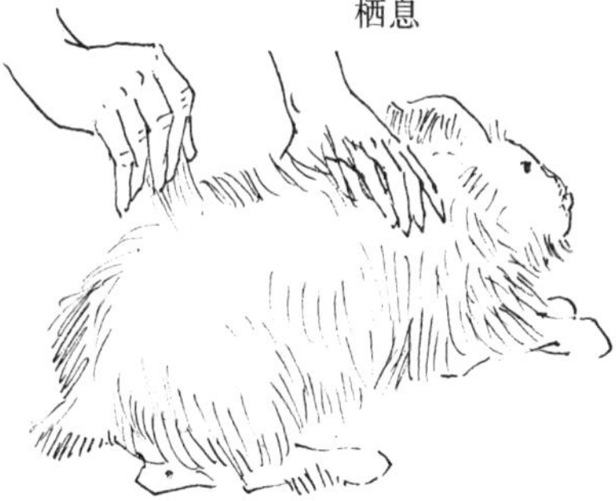

拔毛方法

背上的毛不要拔完

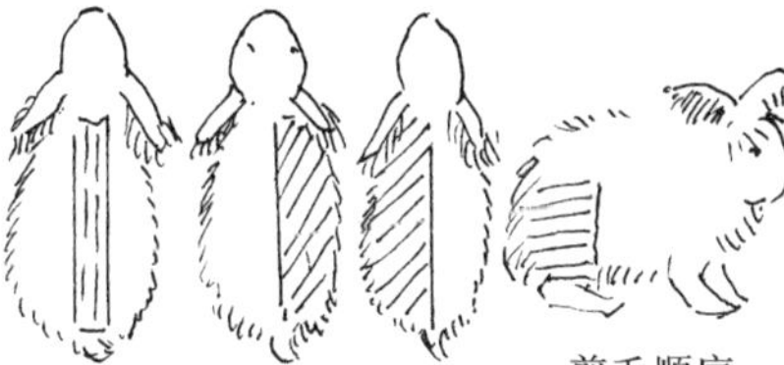

剪毛顺序

剪下的毛按毛茬顺序放好，按等级存放

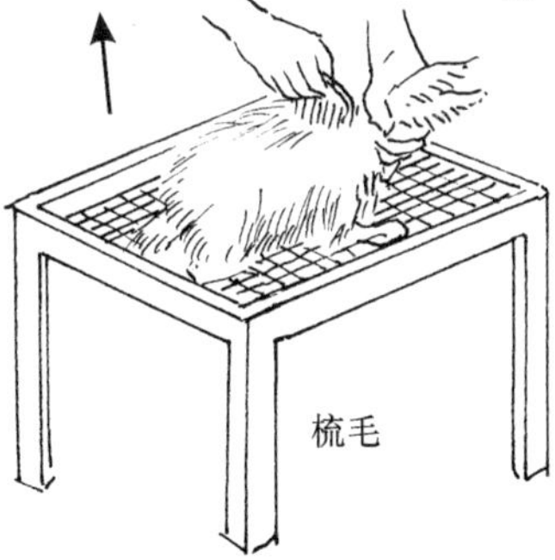

梳毛

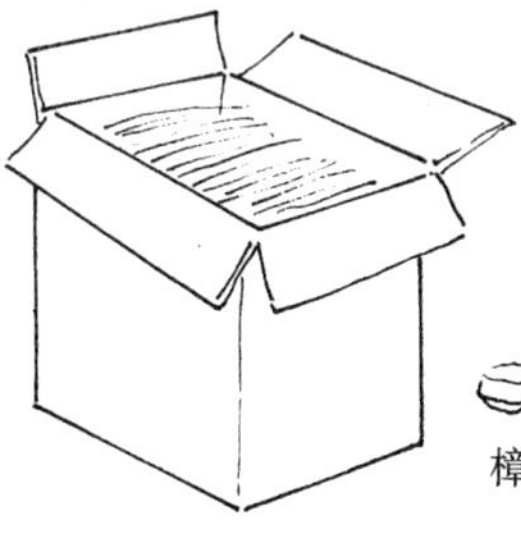

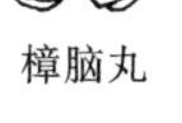

樟脑丸

（五）不同季节家兔的饲养管理

1.春季的饲养管理

春天天气由寒变暖，但昼夜温差较大，特别是早春季节，应切实做好幼兔的保暖工作。

（1）室内养的兔子，由于一冬未见到阳光，被毛蓬乱，缺乏光泽，白天可将兔子转移到室外兔笼或运动场，让兔子进行日光浴。通过日光浴可促进新陈代谢，促进维生素D的合成，使母兔发情正常、公兔性欲旺盛、幼兔被毛洁白光亮而且可以预防软骨病。

（2）夜晚转移到室内的兔子，还应放到原笼饲养，并关闭门窗，防止冷风吹袭。不能移到室内的兔子，要吊上草帘或塑料布，防止夜晚受凉发生感冒或肺炎。仔幼兔要放保暖箱内过夜。

（3）早春有寒流或天气突然变化时，应注意防止兔子因腹部受凉拉稀和发生呼吸道疾病。其药物预防是在饲料中拌抗肠道病药物。

（4）春天万物复苏，各种野草、菜叶比较容易采集，而且鲜嫩、营养丰富。但由于水分较大，刚开始投喂时数量不可太大，应观察粪便情况逐日增加，防止拉稀。清明之前上午割回的嫩草或麦田间割的燕麦常带霜雪，应当在阳光下晾晒后再喂。麦田、菜园的野菜含丰富的维生素，要多采集饲喂。

（5）春天是繁殖的旺季，一定要抓住这个黄金季节大量繁殖，可适当血配，但注意让幼兔、仔兔及早开食，多喂些冬牧—70黑麦草、水萝卜棵、包菜等各种野草、野菜，保证生产兔和幼兔都能得到丰富的营养补充，以达到提高生产力的目的。

春季田野百草青，割草喂兔最高明。
青草多含维生素，节约饲料增膘情。

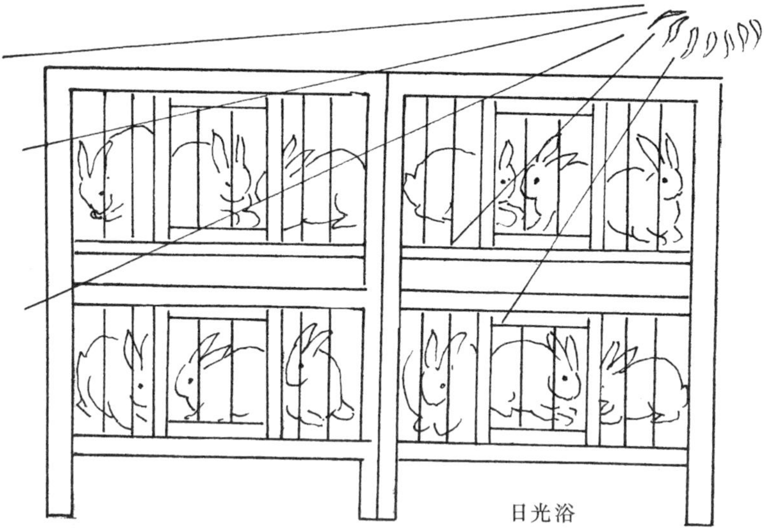

日光浴

饲喂营养丰富的饲料

幼兔保暖

2.夏季的饲养管理——防病

（1）每天清扫笼下粪尿，勤撒些生石灰、草木灰吸湿消毒，散养兔要采取防潮措施。

（2）食槽、水槽要勤刷洗暴晒，并用0.1%～0.3%新洁尔灭浸泡消毒。

（3）夏季气温高，食欲不佳，饲喂时间要比其他季节有所改变。早上5时之前、晚上9时之后是家兔夏季食欲最好的时候，应在这两个时间饲喂。白天注意不断饮水，并加适量的食盐，或饮0.1%的碘酊水、0.01%的高锰酸钾水，中午多喂西瓜皮。

（4）注意夏天不喂露水草和雨刚淋过的草。不到刚打过农药的地里割草，以免农药中毒。

（5）阴雨连绵天气变化时，注意饲料水分不要过大。在饲料中添加痢特灵、氯苯胍、磺胺二甲基嘧啶预防肠道病、球虫病的发生。因为夏季大肠杆菌病、魏氏梭菌病、巴氏杆菌病、球虫病常交替发生，幼兔最好选用PB一号幼兔添加剂，生长兔最好选用PB二号肉兔添加剂。这两种药物添加剂弥补了其他药物单一防治某种疾病的缺陷，使多种疾病得到综合防治，而且使用方便，安全价廉，效果很好。

（6）在饲草选择上要多喂些洋葱、大蒜、涩拉秧、马齿苋及南瓜之类，既可补充营养，又可提高家兔的抗病能力。

（7）由于夏季气温高，家兔食欲不佳，公兔精液品质不好，除室内有条件控制温度外，一般应停止繁殖生产。

盛夏炎热病多发，早晚喂料把药加。

降温解暑最重要，停止繁殖禁仔下。

撒草木灰吸湿

勤洗食槽

夜晚喂兔

不到刚打过农药的田里割草

在饲料中添加药物

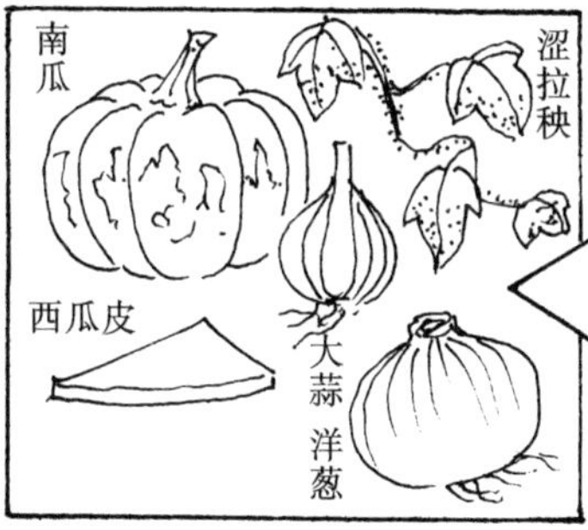

夏季停止配种

3.夏季的饲养管理——兔舍灭蚊蝇方法

由于家兔产仔拔毛，常使腹部皮肤及乳头裸露，长毛兔拔毛和剪毛后常受蚊子叮咬，使腹部红肿，引起葡萄球菌病和副伤寒、脓肿及其他多种疾病发生。防治措施是：

（1）门窗要钉纱帘，以减少蚊蝇进入对家兔造成危害。

（2）在兔舍放一盆或几盆（根据兔舍大小）夜来香，蚊子闻之即逃之夭夭。

（3）用空酒瓶装50～100毫升红糖水或者啤酒，放在舍内兔笼上，蚊子闻到糖水或啤酒味儿即往里钻，钻入后即被粘住难以飞出。隔几天要换一次糖水或啤酒。

（4）将面粉调成稀糊状，加入少量煤油搅匀，涂刷在兔舍较暗的四角墙壁上，一夜便可粘蚊子几千只，起到很好的灭蚊效果。

（5）晚上在兔舍地面点燃蚊香，可以驱杀兔舍的蚊虫。

（6）用稀布包上兽用敌百虫片，每包5克，每5平方米用一包，悬挂于兔舍，既可灭蚊也可灭蝇。

（7）灭蝇可用灭蝇灵。将灭蝇灵放在浅盘内，苍蝇趴上去后就很快死亡。但不宜放在地面，以免兔子跑出舔食中毒。

（8）用灭害灵喷洒兔舍，注意每天刷洗食槽，不要将灭害灵喷到兔的食槽里，以免发生中毒。

防止蚊蝇把兔叮，门窗钉纱保护层。

驱蚊灭蝇办法多，防止中毒记心中。

敌百虫
涂刷煤油糊
煤油
夜来香
糖水、啤酒灭蚊法
红糖
蚊香

4.夏季的饲养管理——兔舍降温措施

家兔被毛丰满，汗腺退化，靠加快呼吸散热，喜欢打洞扒土伏卧墙根处用身体和地面的接触散热，最怕太阳直射中暑。因此降温防暑是夏季家兔饲养管理的重点。

夏季降温防暑的办法是：

（1）夏季兔舍门窗要全部打开使空气流通。有条件的可在兔舍顶部开设天窗，兔舍后墙基部可开13厘米×26厘米的进气孔，使凉气从基部进入，污气和热气从天窗排出。

（2）在兔舍安装电扇和排气扇，天热高温时将电扇打开降温。

（3）高温时在排尿沟冲水（井下水温4℃左右），通过冲水降低兔舍温度。封闭式兔舍在兔舍两头安装风机和水帘降温。

（4）降低饲养密度，公、母兔分开单笼饲养。

实践证明，在同等饲养条件下，3只兔子养在一个笼里没有2只兔子养在一个笼里增重快，而2只同养一笼又没有1只兔子一笼长得快，这是因为合养温度高，每减少1只兔子，就等于减少一个热源，特别是长毛兔，夏季更要单笼饲养，全部剪毛。

（5）改变春、秋、冬季的饲料配方和饲喂时间。玉米是能产热的能量饲料，夏季的含量要比其他季节减少10%，以免家兔体内大量产热从而加快呼吸次数。

（6）饲喂时间在早上5时或再提前半小时，晚上9时之后。白天不断饮水，水中稍加点盐，多喂西瓜皮。

（7）室外兔笼旁种树，多种丝瓜、葡萄等遮阴。

门窗全开气流通，兔舍尿沟把水冲。
降低密度减热源，剪毛喂食要变更。
饲料配方酌改变，饮水加盐或碘酊。
开启风机和水帘，兔舍降温又通风。

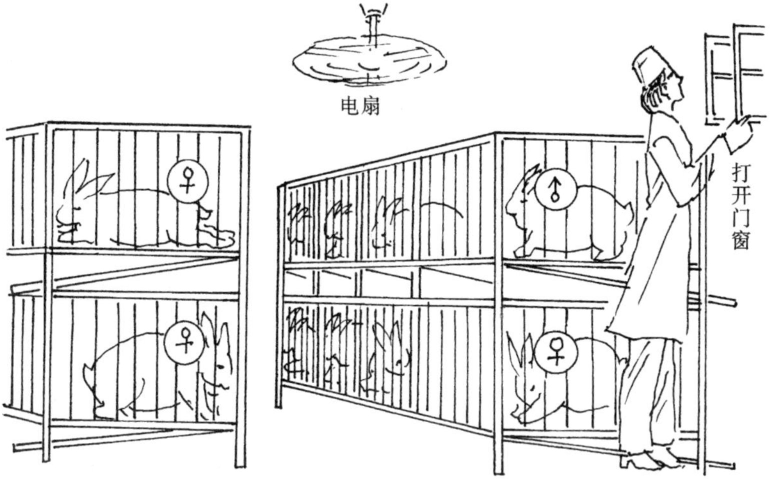

丝瓜葡萄搭棚架，
环境凉爽且优雅。
立体种养效果好，
精心设计巧规划。

5.秋季的饲养管理

秋季家兔饲养管理的关键是要注意防止兔毛污染饲草，避免发生毛球病。经过夏天的休产，家兔在秋天要集中换毛，兔子褪下的毛，特别是长毛兔褪下的毛掉进草里，兔子食后，兔毛在胃中不易消化，缠结成团，不能通过幽门或停留在小肠内，使肠道阻塞造成死亡。饲喂青草时，笼养兔要将草放在草架上，让兔子掏着吃；散养兔要将草捆成小捆，放在吊兜里吊起，让兔子抬起头和身子够着吃。吊的高度不易过高，也不可过低，这样兔子的兔毛既不易混在草里，也可以使家兔得到运动，锻炼体质。

兔毛褪后，将沾满笼底、笼门和后网。要用火焰喷灯将沾在兔笼上的兔毛焚烧。既防止兔子舔食，又可以起到一次彻底消毒的作用。

秋季各种野草即将成熟结子，此时要抓紧搜集割晒各种野杂草、各种树叶、作物秸秆，否则冬季和翌年初春将缺乏兔饲料，造成被动。采回的各种青草要及时摊晒，在含水分10%时立即上垛，以保持饲草固有的颜色和香味儿、上垛后又不易发霉变质为准。切不可超期摊晒，因草干后多晒一天，其营养成分就会多损失一些。上垛时要选择向阳高燥的地方，下边垫一层玉米秆或木棍，防止底部受潮发霉；上边用帆布或塑料膜盖好，防止雨淋。收回的豆秸、花生秧是家兔的优质粗饲料，要及时用粉碎机粉碎加工，然后入仓备用。

秋季是家兔繁殖的黄金季节。但是，由于冬、春季家兔连续大半年的繁殖生产，母兔体质消耗很大，且炎热夏季7~8月的持续高温，使母兔呼吸加快，食欲不佳，体质、膘情恢复很慢。夏季休产后，母兔发情不正常，公兔性功能减退、睾丸萎缩、精子减少，产生死精或不产精子，这段时间的现象被称为家兔的“夏季不育症”。这段时间即使母兔发情进行交配也不易受胎，而只会有损于公兔健康。

秋天兔子要换毛，防毛球病喂架草；
储备饲草备冬用，上垛盖好防霉潮。
兔到立秋尚无膘，母不发情公缩睾；
补充营养整兔群，抓好配种早怀羔。

立秋过后的管理关键是：

①休产母兔做健康检查，调整兔群，疥癣、病弱的挑出治疗，单独饲养。

②立秋过后不要急于配种，对将要配种的公母兔按品种、体质状况重新编组，在立秋后半个月补充足够的营养，使其尽快换毛，恢复体质。在营养补充上要多喂一些南瓜、胡萝卜、包菜、葫芦、吊瓜等，精饲料以玉米30%、麸皮20%、豆粕15%、鱼粉2%的比例补饲，经半个月营养补饲后方可进行试配。

③将已育成达到配种年龄和体重的处女兔纳入生产群进行配种繁殖。对于种公兔的使用要注意，第一次使用时让其与发情母兔交配，排出死精、废精，休息两天后，再进行正常配种使用。

6.家兔冬季繁殖的关键技术

（1）冬季家兔发情表现不甚明显，在繁育技术管理上，饲养员要经常检查母兔外阴的变化。不发情母兔的外阴部苍白干涩，而发情母兔的外阴部表现湿润、红肿，抓住“浅红早、黑紫迟、大红配种正当时”的有利时机及时配种。

（2）为了提高冬季家兔的繁殖力，要采取复配或双重交配，以提高受胎率。冬季家兔配种应尽量在中午天气暖和时进行。

（3）配种后10天左右，及时检查是否受孕，检查体重是否增加，看腹部是否增大，观察采食情况如是否吃得快而多，用摸胎法检查腹腔是否能摸到胎儿。

（4）母兔怀孕后25天要及时放入产箱，箱中放足够的垫草。

（5）母兔分娩后要及时检查仔数、死胎，挑出血毛污草，将仔兔盖好。

（6）及时给母兔饮用温水（红糖水或淡盐水）。为了防止乳房炎和仔兔黄尿病，在母兔饲料中放1片SMZ和2片大黄苏打片，连喂3天。

（7）适时给仔兔补饲，如可喂少量的冬牧—70黑麦草、煮熟的胡萝卜。

（8）天气暖和时，酌情让仔兔晒太阳，进行日光浴。一般在中午12时至下午2时进行，刚开始每次以10～20分钟为宜，逐日增加时间，但应防止受凉感冒。

勤查阴部促发情，抓住冬繁不放松。
双重复配效果好，最佳时间阴大红。
多饮温水日光浴，夜间喂料莫断青。
农家冬闲搞养兔，病少保暖护理精。

检查母兔外阴变化

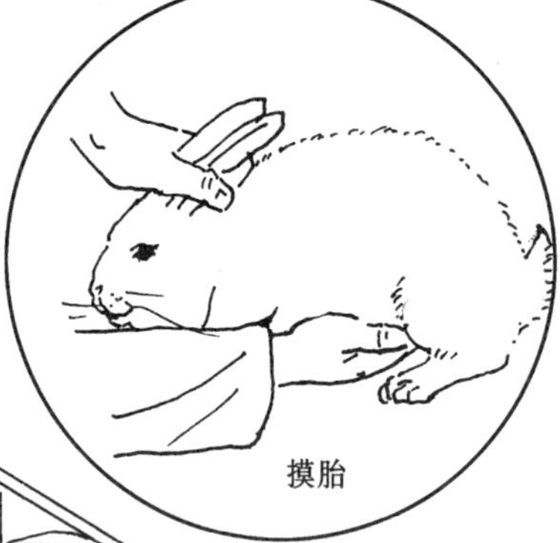

摸胎

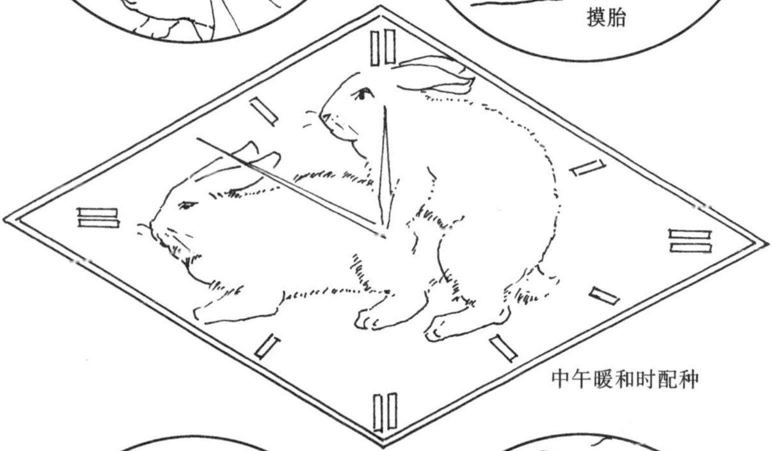

中午暖和时配种

让产后母兔喝温水

及时补饲和日光浴

7.家兔冬季的保暖

实践证明，家兔冬天繁殖比夏天好，仔兔疾病少，成活率高。冬季繁殖家兔的关键是做好防寒保暖工作。

（1）冬季室内养兔保暖方法是，简易无前墙兔舍可在前边钉上厚一点的塑料膜，或者用草帘、棉帘将门和开放部分遮挡，白天吊起可透光通风，晚上将草帘放下。墙壁四周裂缝或孔要用泥巴抹严，防止“贼风”钻入。白天暖和时可打开门窗通风，晚上特别是低于0℃、气温骤降或大风雪天气时，一定要将门窗关严。白天通风换气时切不可一次前后打开，应先将前窗打开，等到室内和室外温度基本接近时再将后窗打开，半小时之后再将后窗关上。

（2）北方寒冷地区可在兔舍走道生煤炉，煤炉要安排气筒，这样煤气从排气筒散到室外，可防止家兔煤气中毒。

（3）北方寒冷地区可以在室内垒火道保暖。建兔舍时先把地下火道靠前后墙基部或中间走道垒好备用，冬季在室外火道口烧火。这种方法安全且保暖性好，每两天可用柴或煤烧一次，达到一定温度把炉口封上。室温控制在15～25℃。

（4）室外塑料棚养兔保暖方法。应用聚乙烯白色、蓝色塑料膜，不可用聚氯乙烯蔬菜大棚农膜。农膜保暖性虽好，但聚氯乙烯膜弥散的有毒气体会使家兔咳嗽、打喷嚏等，而且药物治疗不易控制。

搭设兔棚时，可视单列、双列兔笼分别选用6米或8米宽塑料膜，用竹竿或木棍支撑框架，结口处用破布或旧编织袋包扎，防止扎烂塑料膜。搭塑料膜时应选择雨雪前的无风天气进行。如雨雪过后即搭设，则棚内湿度过大，对兔的健康不利。白天视天气情况，隔一个掀开一个草帘增温，晚上再放下盖严。注意白天不可像菜棚一样将全部草帘掀开，以免温度太高，造成昼夜温差大。注意，两头要留门，以便通风换气。棚内温度一般应控制在10～25℃。

每天清除粪尿。一般上午10时打开一头门预温，12时打开另一头门通风换气，下午2时关闭一门，下午4时前全部门关严。

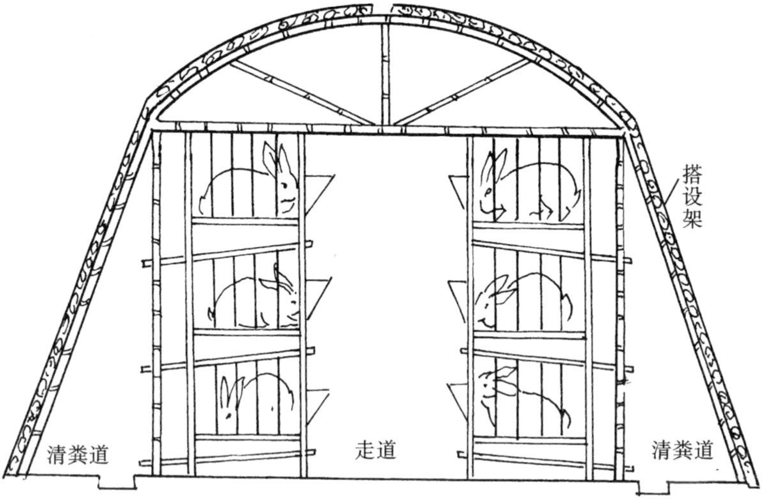

塑料棚养兔

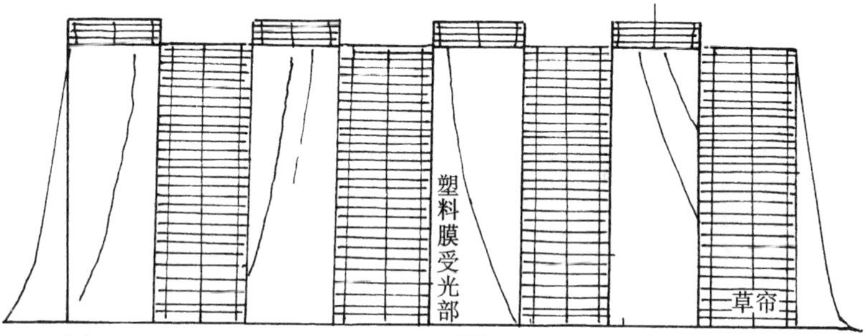

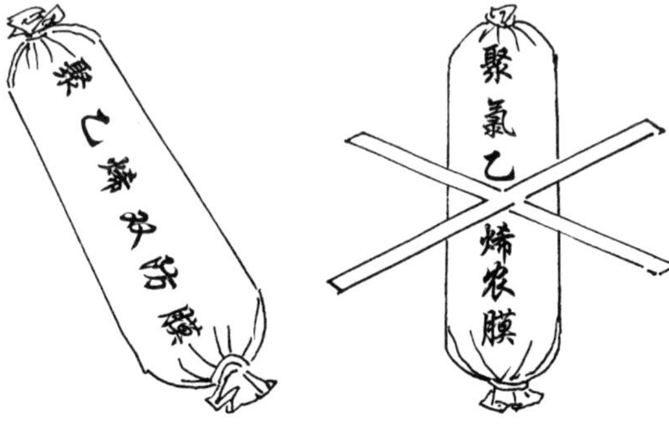

塑膜选择别失误，
通风换气控温度。
回龙火道效果好，
煤炉取暖防中毒。
留好行人清粪道，
抓紧冬繁多养兔。

八、家兔的繁育技术

（一）家兔的性成熟和初配年龄

初生仔兔生长发育到一定年龄，公兔睾丸中能产生具有受精能力的精子，母兔卵巢中能产生和公兔精子结合的卵子时，就叫性成熟。

家兔性成熟早，4～5月龄就有发情表现。刚进入性成熟期的家兔，正处在生长发育的旺盛时期，体重、体型尚未达到标准，不要急于配种，配种早了对家兔自身的生长发育不利，如母兔利用年限短、易早产早衰，而且生下的仔兔个体小，存活率低。

家兔的配种年龄，应当在达到成年体重70%以上，6个月以后开始。

母兔的发情表现要从以下几个方面观察：

（1）举动活跃，常用下颌摩擦食槽和笼门，并且食欲减退。

（2）有衔草垫窝或撕毛现象。发情盛期的母兔主动爬跨公兔或自己生下的小兔，放到公兔笼内能主动抬高臀部，举尾迎合公兔交配。

（3）检查母兔阴户，由干涩苍白变得湿润潮红或水肿，并有黏性分泌物。发情初期阴户颜色为浅红色，盛期为大红色，后期为黑紫色。

食欲减退且活泼，撕毛爬跨摩下颌，
阴户湿润变红肿，即为发情好时刻。

常用下颌摩擦笼门、食槽

性成熟后有衔草或撕毛现象

母兔爬跨自己生下的小兔

食欲减退

阴户红肿

（二）家兔的配种方法

通过观察和检查已经发情的母兔，只要到了配种年龄和体重达标，便可进行配种。

（1）家兔配种时，应当在公兔笼内进行，配种前，应当将公兔笼内的食槽和水槽取出，并在公兔笼底上放一块木板或纸箱板，以免在公兔追逐爬跨母兔时将腿脚蹬进笼底竹缝中扭伤或扭折。

（2）将公兔和发情不甚明显的母兔放在散养圈中，让公兔追逐、爬跨母兔，通过在圈中的追逐运动，能促进母兔进入发情盛期和提高公兔的性欲。配种时，饲养员应在一旁注意观察，配种后及时将公、母兔放回各自的笼位，并在笼门上做配种记录符号，在配种记录表上填写配种记录。配种记录的内容要详细记录母兔耳号、品种与配公兔耳号、配种日期、母兔笼位等，以便以后随时检查。

（3）个别母兔对公兔有选择性，母兔选择公兔的原因与公兔的气味和血缘关系有关，对于虽然发情而不接受公兔交配的母兔，要采取人工辅助的办法交配。方法是：用一根细绳拴住母兔的尾巴尖，从背上拉向头部，尾巴即被翻起。左手抓住细绳和兔耳，右手伸向腹下大腿中间，轻轻将母兔臀部托起，让公兔爬跨交配。交配时，公兔爬在母兔背上，前肢紧抱母兔，或用嘴咬紧母兔颈皮，不停地抖动臀部，母兔便伸长体躯，举尾抬臀迎合交配。阴茎一旦插入母兔阴道，便马上射精。公兔射精后，便咕叫一声，后肢缩蜷倒向一侧，站起后即兴奋顿足，表示顺利射精，交配结束。

母进公笼拒配种，人工拴尾托着用。
配后一定做记录，月满即有仔出生。

强制配种方法

（三）母兔怀孕的检查方法

（1）检查母兔是否怀孕，可在母兔交配后7～10天，将母兔放到公兔笼中试情。如果母兔反抗公兔爬跨，拒绝公兔接近，并顶咬公兔发出咕咕的叫声，证明母兔已经怀孕。

（2）配种后及时称重，7～10天后再对其称重，若体重有明显增加，即可确定已怀孕。

（3）观察母兔采食情况，如果母兔吃食多且快，被毛洁净有光，腹部明显增大，并有衔草、撕毛、打洞现象，证明母兔已经怀孕。

（4）用手摸胎检查。摸胎法是一种操作简便、容易掌握、准确率高的检查方法。交配后10天左右，将母兔平放到地上，左手抓住兔耳和颈皮，右手拇指和其他四指呈“八”字形伸向母兔腹下大腿内侧，五指轻轻靠拢摸捏，即可摸出不同日龄的胎儿。胎儿发育10天如粪球大小，与粪球的区别是胎儿圆滑不易捏住，而粪球发涩且硬容易捏住；15天时，胎儿像蛋黄一样大小，比较明显；孕期20天即变长形，且有满腹感；25天即全部成形并有活动感。20天后一般不要再摸，以免引起流产。

摸胎时注意动作要轻，不要强抓硬捏，刚喂饱时不要去摸。

试情反抗咬异性，称量明显有增重。

外观食增肚子大，手摸腹部胎儿动。

怀孕后即拒绝
与公兔交配

母兔腹部增大

称重检查

摸胎

（四）家兔的育种技术

1.纯种繁育

纯种繁育就是选用同一品种的优秀公、母兔进行交配繁育后代，生产出像双亲的个体，使该品种的优良特征稳定地遗传下来，并在后代中加以巩固，保持该品种的优良特性。

对于有某种疾病和恶癖，不符合该品种特征，达不到该品种生产指标的，要坚决淘汰。要注意发现和选择特别优秀的个体，将有显著特点的公、母兔组成品系，这是使纯种不断巩固的有效方法。品系繁育是纯种繁育的重要方法，它不但可以避免近亲繁殖，防止品种退化，更重要的是巩固和提高了优良品种的特性。

2.杂交繁育

杂交繁育的后代在其生活力、抗病力、适应性、生长发育速度和生产性能方面都超过其亲本个体，这就是杂交繁育的目的。

（1）经济杂交。即用两个品种进行杂交，专门利用杂交种的杂交优势生产商品兔。这种方法能获得体形大，增重快，抗病力强，饲料报酬高，各方面都超过双亲的商品兔。

（2）轮回杂交。用两个或两个以上品种进行有次序的杂交，可以得到大量满意的后代。此种方法是在第一次杂交时使用纯种母兔，在以后的杂交中，都用杂交出来的母兔，而公兔必须是纯种的，不得使用杂交出来的公兔。

（3）级进杂交。是用新的改良公兔与被改良母兔逐代杂交下去，使当地低下的品种达到被改良提高的目的为止。

（4）引入杂交。对个别地方不理想，有某些缺点需要改进时，选择理想的公兔和这个品种的母兔进行杂交改良，从杂交一代中选择最优秀的公兔与被改良母兔交配，或最优秀的母兔与被改良公兔交配，对它们的杂交后代再进行自繁。

（5）育成杂交。两个品种进行杂交称简单育成杂交，两个品种以上杂交称复杂育成杂交。用这种方法可以培育新品种，但注意要避免近亲交配。

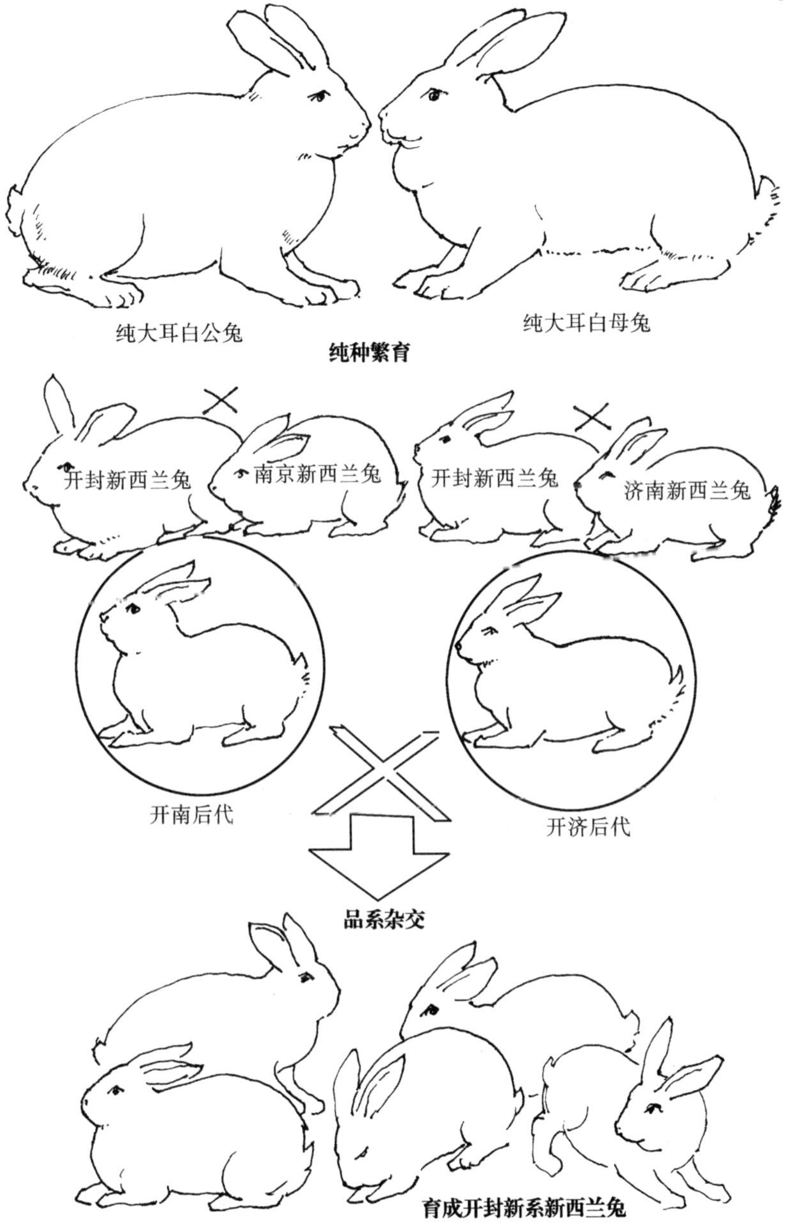
纯大耳白公兔
纯大耳白母兔
纯种繁育
开封新西兰兔
南京新西兰兔
开封新西兰兔
济南新西兰兔
开南后代
开济后代
品系杂交
育成开封新系新西兰兔

（五）母兔的催情及不孕处理

对于到了配种年龄不发情和交配后不怀孕的母兔，要查找原因。引起母兔不发情的原因有以下几种：

（1）母兔过肥或过瘦。这种情况平时饲养管理时就应当注意，使母兔保持中等膘情为宜。

（2）增加营养。冬季母兔缺乏光照，饲料中缺乏维生素A和青绿饲料。解决的办法是，冬季暖和时让母兔增加运动，在室外进行日光浴，刺激脑垂体分泌激素，促进新陈代谢，多补喂些胡萝卜、甘蓝叶、南瓜、冬牧—70黑麦草等含维生素A丰富的青绿多汁饲料。

（3）中草药催情受孕。取益母草10克，黑豆25克，水煮20～30分钟，汤拌料，豆喂兔，连喂3～5天，母兔即发情。

（4）激素催情法。可采用孕马血清、绒毛膜促性腺激素、苯甲酸雌二醇、己烯雌酚，任选一支肌内注射，发情受孕率在85%以上。工厂化、规模化进行人工授精的兔场，要开启兔舍补光灯带，7~10天，每天14小时，这样可以使母兔同时发情、同时受孕产仔、进行全进全出商品兔生产。

（5）淘汰。对于生理或疾病原因造成的缺陷，如阴道畸形、输卵管狭窄、子宫留有死胎造成的母兔不发情的，应及时淘汰。

（6）异性诱导。对于长期不发情的母兔，于上午8时可将母兔放入公兔笼内让公兔调情，或公、母兔同放圈中追逐爬跨1～2小时，将母兔取出，5～6小时后，即有发情表现。若不行，再进行一次。

（7）复配。对假孕母兔，尽量在发情时采用复配和双重交配的方法进行配种。

喂料莫断青和绿，日浴刺激脑垂体。

激素催情虽有效，不如中草药一剂。

人工授精开灯带，母兔同时把卵排。

同时受精同产仔，同时出栏把兔卖。

黑豆
益母草
黑豆、益母草煎汤催情
激素注射催情
孕马血清
补充青绿饲料催情
益母草
虫卧单
王不留行
喂中草药催情

（六）品种退化的原因及防止退化的办法

1.品种退化的原因

许多养兔户反映他们养的家兔长得慢、个头小、产毛量低、抗病力差、死亡率高，这是由于品种退化造成的。造成品种退化的原因有以下几个方面：

（1）散养粗放，科学养兔技术含量低。10多只兔子混养在一个圈里，任其自由乱交滥配产仔，形成了祖孙三代共同生活的情况。

（2）饲养生产中，不注意按照品种特征要求选留种兔生产，往往都是先挑个大的、长得快的、膘情好的卖掉，留着小的、瘦的、弱的继续养，养成后即用于繁殖生产，从而造成品种逐渐退化。

（3）不成熟、不合理的年龄结构。由于平时不注意选留种兔用以扩大生产，而是该配种时掂个公兔就当种，是个母兔就交配，造成老配老、老配小、小配小，使品种特征不能稳定遗传。还有的养兔户急功近利，3~4月龄时就开始配种。家兔本身没发育成熟就配种的现象非常普遍。

（4）频繁的血配，且不注意补充营养，使母兔体弱多病，仔兔发育不良，抗病力差，造成品种退化。

（5）不注意血缘关系，近亲交配造成抗病力差，生长缓慢，体形变小，畸形，品种退化。

2.防止种兔退化的办法

（1）无论何种经济类型和品种的家兔，都要有计划地培育选留符合该品种特征的，能达到该品种生产指标的核心种兔群。其选留方法是：仔兔出生后，就为要留的仔兔用碘酒或颜色做上标记，经常观察其生长发育情况，幼兔初选，青年兔定选，成年兔精选。对于符合品种特征、生长发育突出的重点培养，从各方面进行细致的管理。投入生产时，要用最优秀的公兔交配最优秀的母兔。

（2）在繁殖生产中不断对品种提纯复壮，注意用优秀的公兔改进一般或个体小的母兔，从其后代中再挑选公、母优秀个体，切不可用一般公兔或个体小的公兔去交配优秀的母兔。并注意后代的性能选育。

（3）严格控制初配年龄和体重，达不到初配年龄和体重的坚决不要交配。壮年种公兔生产的后代，遗传性能比较稳定。

（4）加强饲养管理，从各方面满足其生长需要。

散养粗放乱交配，近亲繁殖一大罪；

公母配时年龄小，急功近利品种退。

防止家兔种退化，关键应从仔兔抓；

生产特征达指标，壮配青老遗传佳。

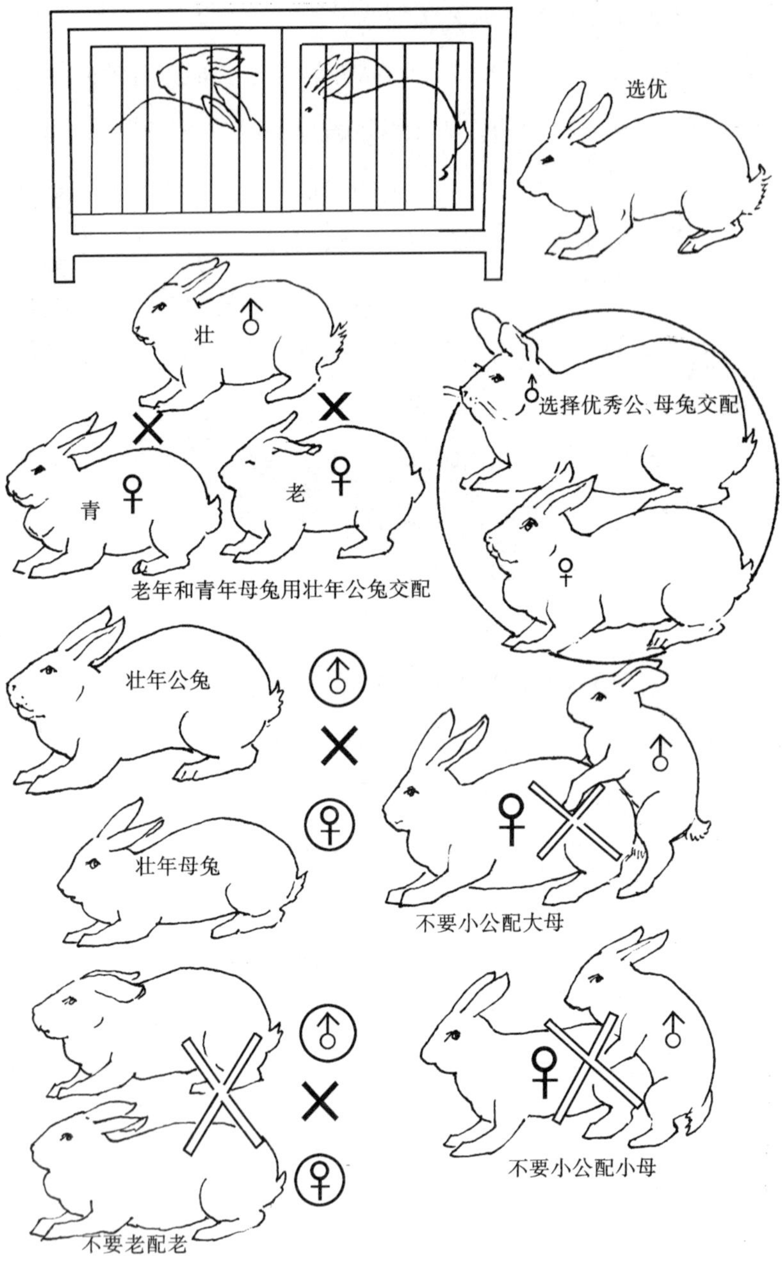
选优
壮
青
老
老年和青年母兔用壮年公兔交配
选择优秀公、母兔交配
壮年公兔
壮年母兔
不要小公配大母
不要老配老
不要小公配小母

（七）影响家兔繁殖力的主要因素及提高繁殖力的关键措施

1.影响家兔繁殖力的主要因素

主要有环境和营养因素。高营养水平会引起家兔过肥，使子宫沉积脂肪而不孕；低营养水平会使家兔性欲不旺，公兔精液品质差，母兔卵细胞发育不正常。特别是长期缺乏维生素A和维生素E。

家兔性生理缺陷，如公兔单睾、隐睾，母兔阴道狭窄畸形或子宫炎、习惯性流产等。

种母兔一般利用年限为2～3年，公兔为3～4年。其年龄老化明显影响繁殖。种母兔配种过早、过晚，连续血配，公兔频繁使用得不到休息等，都会影响繁殖。

2.提高家兔繁殖力的关键措施

（1）注意严格选种。家兔繁殖力的高低，还受遗传因素的影响，上代父母生育能力不好，如不易受孕、产仔少等，后代也会出现同样现象。因此，在选种时，既要考察品种特征、生产能力的高低，还要考察其繁殖能力的高低。一定要挑选睾丸大而匀称、性欲旺盛、精子密度大、活力高的青壮年公兔和体质健壮、奶头多、泌乳力强、母性好、产仔多的母兔作繁殖生产用。

（2）合理安排繁殖生产计划，避免过度频繁的血配。

（3）适时合理配种。家兔性成熟早，达到性成熟后，虽有配种繁殖能力，但由于本身各个器官尚未完全发育成熟，不宜过早配种，但也不宜过晚配种。过晚配种会使公兔性欲不旺，母兔子宫沉积脂肪而影响繁殖。确定家兔的配种时间，应视品种、体重和出生月龄而定。一般只要达到成年体重的70%以上便可配种，公兔应比母兔大1个月。经常检查母兔发情表现，在发情盛期及时配种。

（4）避免近亲交配，建立合理的年龄结构，以壮年兔为主，逐步淘汰老龄兔，培养青年兔。

（5）提倡复配、双重交配，推广人工授精技术。

（6）加强饲养管理。要保证蛋白质和维生素的供给，避免种兔过于肥或瘦。控制药物和添加剂的用量，如喹乙醇过量会造成母兔不孕或流产。

影响繁殖力的主要因素

建立合理的年龄结构，
以壮年兔为主

肉兔年产4~6胎

獭兔、长毛兔年产3~4胎

合理供给蛋白质、维生素类饲料

严格控制药物用量

（八）家兔的人工授精技术

（1）采取人工授精技术，不但可以大大节省饲料、劳力，减少笼位压力，更重要的是能充分发挥优良种公兔的作用，加快优良品种的繁殖速度。利用本交为母兔配种，1次只能配1只母兔，全年只能负担8～10只母兔的配种任务，而用人工授精技术，1只公兔1年便能负担100～200只母兔配种。一般采1次精，便可给10～20只母兔输精。采取人工授精技术，不但能防止品种退化，还能提高受胎率、产仔数和防止一些疾病（如疥癣病）的传播。

（2）人工授精设备。显微镜主要用以检查家兔精液的质量，即精子的密度和活力情况。采精器由外壳、内胎、集精杯组成。输精器由注射器、胶管、输精管组成。

（3）采精方法。先用发情母兔与被采精公兔进行采精爬跨训练，反复推开公兔，不使其阴茎插入母兔阴道，以提高其性欲，然后便可在公兔笼内或采精台采精。采精时左手抓住母兔双耳和颈皮（头朝人的方向）让公兔爬跨，右手握采精器伸向母兔后腿之间，使假阴道口紧贴母兔阴门下部，轻托母兔臀部，随时调整方向让公兔阴茎插入假阴道射精。一般1只公兔1周采精2～3次。

（4）输精方法。当通过显微镜对采集的精液进行检查后，便可对发情母兔输精。助手保定母兔呈伏卧状，输精者左手掀起尾巴，右手将输精器插入母兔阴道7～8厘米，注入精液0.5毫升。输精时人坐在高低适中的矮凳上，将兔头朝下夹在两腿中间，左手掀开尾巴，右手持输精器按上述方法输精。还有倒提法、仰卧法，可灵活使用。

推行人工搞授精，选择优良公兔用。
提高品质防退化，节约饲料病少生。

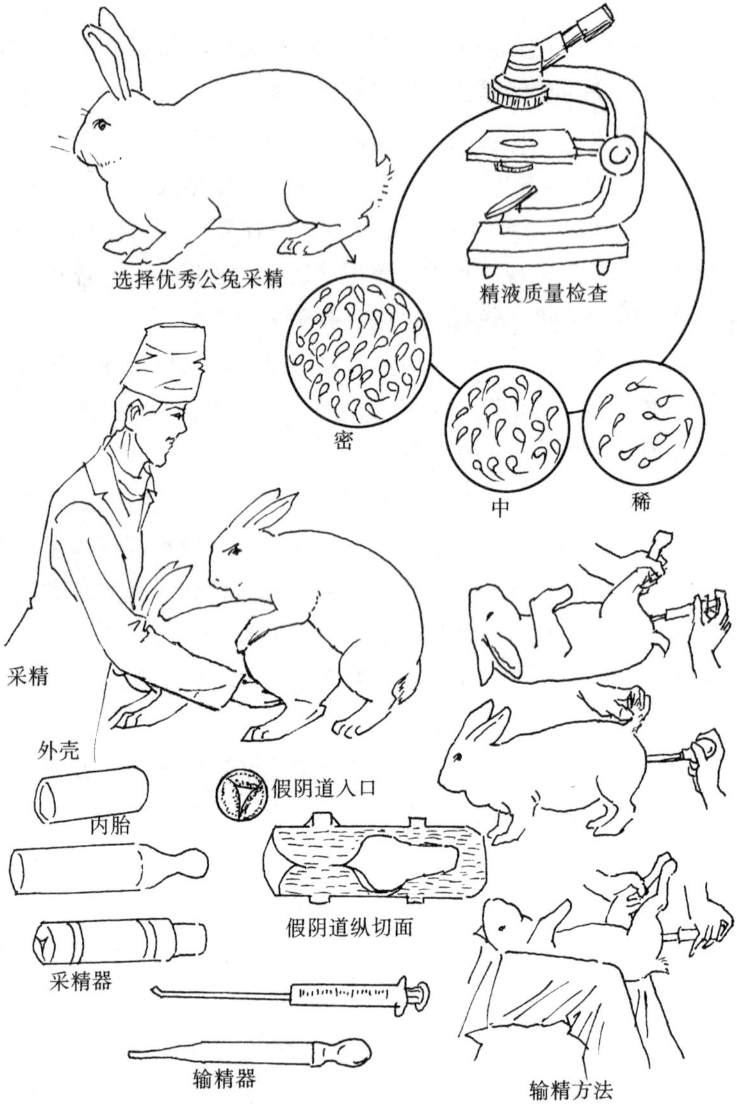
选择优秀公兔采精
精液质量检查
密
中
稀
采精
外壳
内胎
假阴道入口
假阴道纵切面
采精器
输精器
输精方法

（九）伊拉（Hyla）配套系肉兔

伊拉配套系肉兔是法国欧洲兔业公司在20世纪70年代末培育成的肉兔杂交品系，90年代引入我国。它是由9个原始品种经不同杂交组合和选育试验，筛选出的A、B、C、D四个品系组成。各系独具特点，在配套生产中，由于杂交优势的充分利用，使其具有遗传性能稳定、生长发育快、饲料转化率高、抗病力强、产仔率高、出肉率高及肉质鲜嫩等特点。

伊拉配套系的4个品系中，A、B二系的特征为耳、鼻、四肢和尾巴均为黑色（八点黑型），其余全身为白色。C、D二系全身均为白色，A系成年体重，公兔5千克，母兔4.7千克，平均胎产仔8.35只，日增重50克，饲料转化率3.0∶1。B系成年体重，公兔4.9千克，母兔4.3千克，平均胎产仔9只，日增重50克，饲料转化率2.8∶1。C系成年体重，公兔4.5千克，母兔4.3千克，平均胎产仔8.99只。D系成年体重，公兔4.6千克，母兔4.5千克，平均胎产仔9.33只。

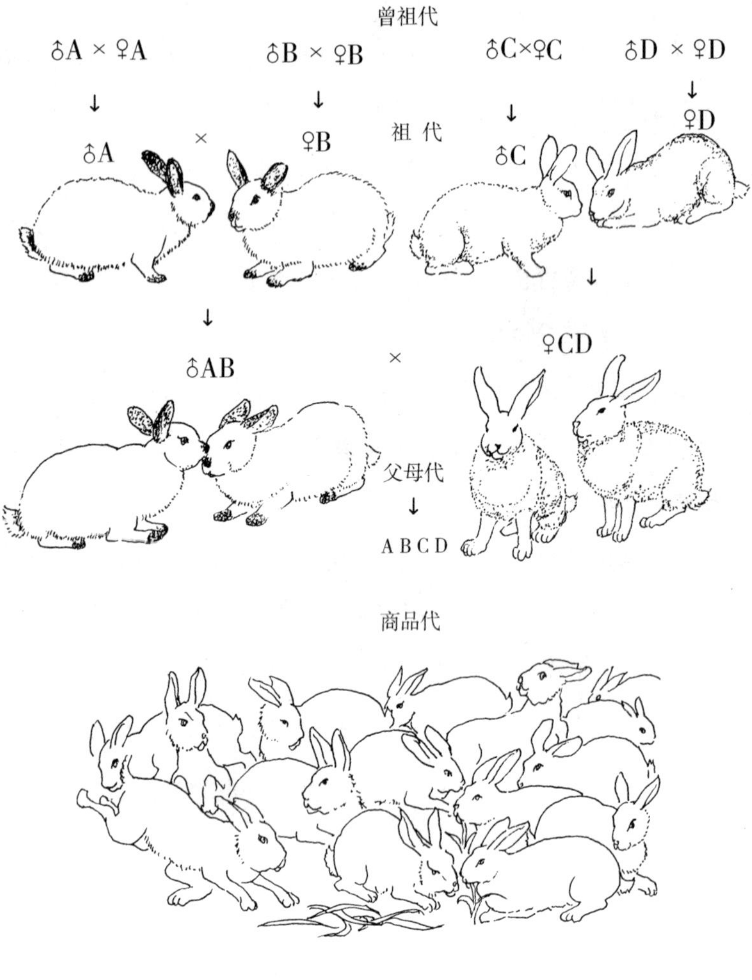

伊拉（Hyla）配套系肉兔育种线路图

（十）伊普吕配套系肉兔

伊普吕兔由法国克里莫集团海法姆公司于20世纪育成，由河南济源市阳光兔业科技有限公司于2014 年底引进我国。该品种有多个品系配套，其显著特点是：体形大、产仔多、生长快、出肉率高、抗病力强、适应性强。母兔平均有9.5个奶头，70%的母兔有10个奶头，其泌乳力强，平均年产仔8.7 胎，胎产仔10~11只，初生体重50~65克，70天体重达2.25~2.35千克，成活出栏率达95%以上，臀部肌肉发达，出肉率58%~60%（酮体去头）。该品种是目前世界上最优异的肉兔新品种，是适宜集约化养兔场使用人工受精技术进行全进全出商品生产的首选品种。

父母代伊普吕母兔（PS19）
表型：白色毛皮手足有黑色
育种周龄：17周
每窝产仔数：10~11只
70天体重：2.25~2.35千克

×

父母代伊普吕母兔（PS40）
表型：白色皮毛手足有黑色
育种周龄：20周
70天体重：3.1~3.2千克
酮体出肉率：58%~59%
（预冷后去头、去前腿）

父母代伊普吕母兔（PS59）
表型：白色皮毛
育种周龄：22周
70天体重：3.4~3.5千克
酮体出肉率：59%~60%
（预冷后去头、去前腿）

标准品系商品代
表型：褐色皮毛，黑眼睛
70天体重：2.5~2.55千克
酮体出肉率：57%~58%
（预冷后去头、去前腿）

标准白色品系商品代
类型：白色皮毛，手足有黑色
70天体重：2.6~2.75千克
平均每窝（人工授精）产肉17~18.5千克

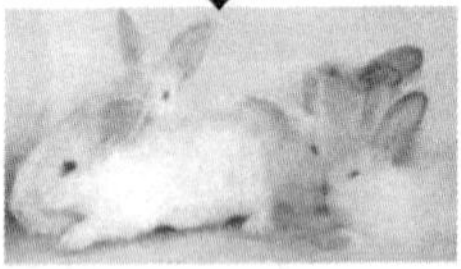

巨型白色品系商品代
表型：白色毛
70天体重：2.7~2.85千克
平均每窝（人工授精）产肉17.5~19千克

巨型黑眼睛品系商品代
表型：黑色、灰色皮毛，黑眼睛
70天活重：2.7~2.85千克
平为每窝（人工授精）产肉17.5~19千克

九、兔舍、兔笼及其他设备

（一）兔舍建造的基本要求

养兔用的房舍、栅圈、笼具，是家庭养兔或工厂化养兔的基础设施。经济实用的兔舍、笼具，应当既便于饲养管理和搞好卫生防疫，符合家兔的生理特点和健康，又利于降低成本和提高养兔的经济效益。农村家庭养兔应本着因地制宜、就地取材的原则，做到既顾眼前利益又要有长远规划，工厂化养兔更应当如此。

家兔笼舍的基本要求是：

（1）兔舍要坐北向南，有利于通风换气，冬暖夏凉。工厂化养兔不应建在生活区下风头。

（2）阳光要充足，南、北要有窗户，有利于舍内通风透光，保证空气清新，促进兔的生长发育。门建在东西两头。

（3）建人行喂料道和清粪道、排尿沟，便于饲养管理和卫生防疫。家庭养兔一定要与猪、羊、鸡、鸭等隔离分开。

（4）要有利于排水和防寒，干燥防潮，因此要选择地势高燥、背风向阳处建兔舍。

（5）根据家兔喜欢啃咬、爱打地洞的生理特性，建造的笼舍栅圈要防止啃咬和打洞破坏。

（6）布局结构合理，交通便利，水电供应方便，环境安静，有利于家兔的吃喝、运动和产仔等。

坐北向南通风好，留好粪沟人行道。

背风向阳搞隔离，易控温度防啃咬。

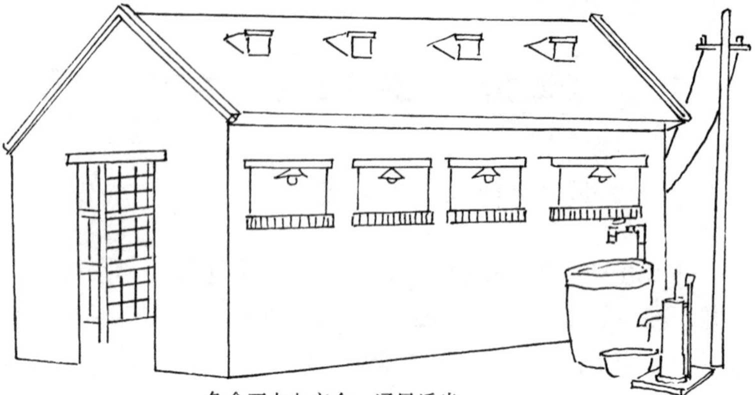

兔舍要水电齐全，通风透光

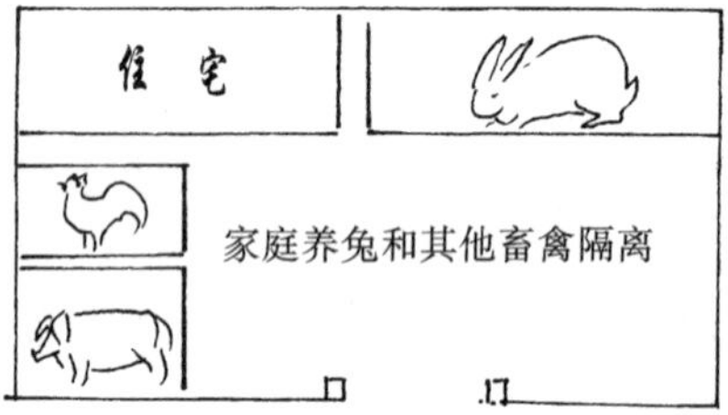

家庭养兔和其他畜禽隔离

硬化散养兔圈地面

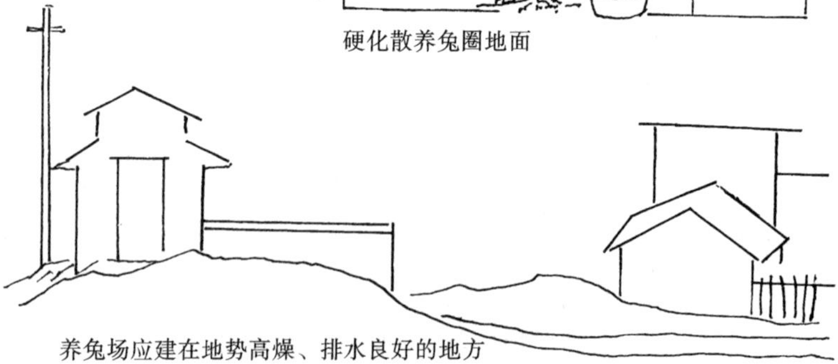

养兔场应建在地势高燥、排水良好的地方

（二）兔舍建筑的形式

兔舍的形式多种多样，但一般有以下几种：

（1）按兔舍屋顶形式划分。有单坡式、双坡式和钟楼式等。

（2）按兔笼排列形式划分。有单列式、双列式和多列式。

（3）按兔舍墙壁形式划分。有封闭式、半封闭式和开放式。

①封闭式兔舍。是指兔舍有屋顶，四面砌墙，南北前后有窗，可通风透光，东西两头留门，便于人员出入。封闭式兔舍一般都是双坡式房屋，根据房深跨度可建双列和多列兔笼。封闭式兔舍保温性能好，夏季可将前后窗打开通风，钉上纱网可防蚊蝇进入，冬季可将前后窗关闭，注意适时开窗换气。跨度较大、养兔较多时，应安装水帘风机换气扇协助控温换气。封闭式兔舍一般消毒管理较严格，与外界隔绝，造价较高。

②半封闭式兔舍。一般南面没有前墙，东西北面砌墙，里面只建一列兔笼，或者前面设圈和运动场，垒有高1.2米左右的半截墙。这类兔舍光线充足，空气新鲜，保温性能好。冬季应将前面无墙部分挂草帘或用塑料膜保暖。钟楼式兔舍也属半开放式，其好处是兔粪直接排到舍外，舍内空气新鲜、流通，光照充足。冬季应及时将排粪孔堵严以利保暖。

③开放式兔舍。是指兔笼建在室外露天，四周建有围墙，可防止猪、羊、狗等其他动物进入。冬季将兔转室内饲养或搭塑料棚即可，夏天想办法遮阴。其好处是光照充足，空气新鲜，有利于兔的生长发育。

笼舍形式有多样，因地制宜最理想。
便于生产和管理，有益繁殖和生长。

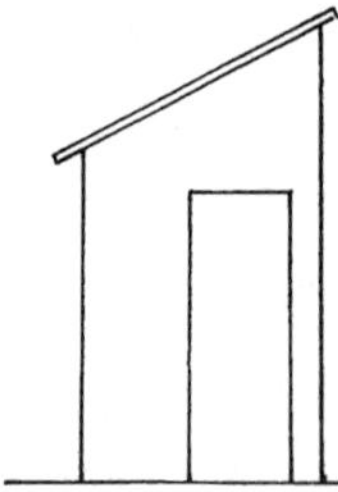
单坡式兔舍

双坡式兔舍

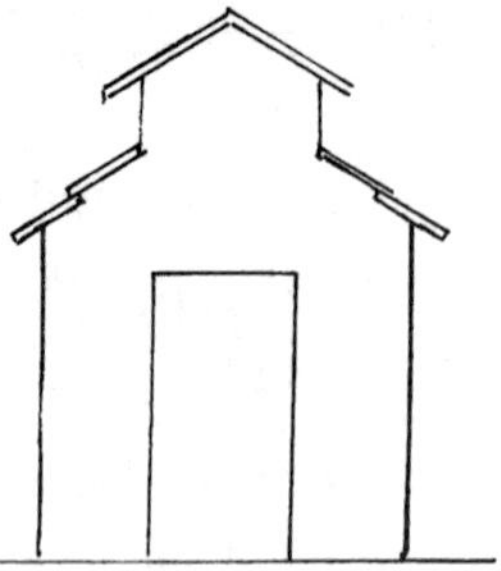
钟楼式兔舍

室内单列兔舍

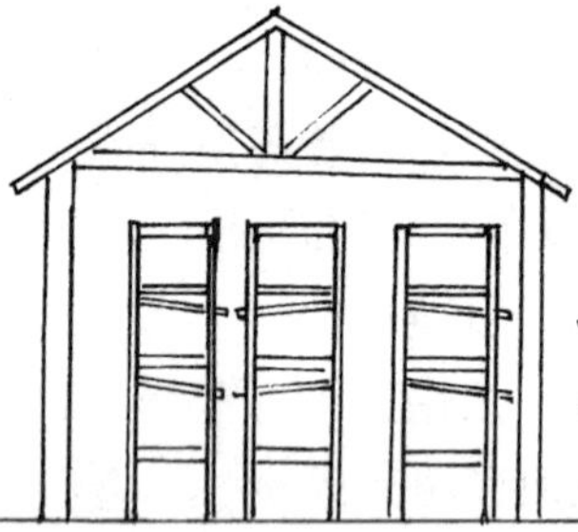
室内多列兔舍

室内双列兔舍

开放式兔舍

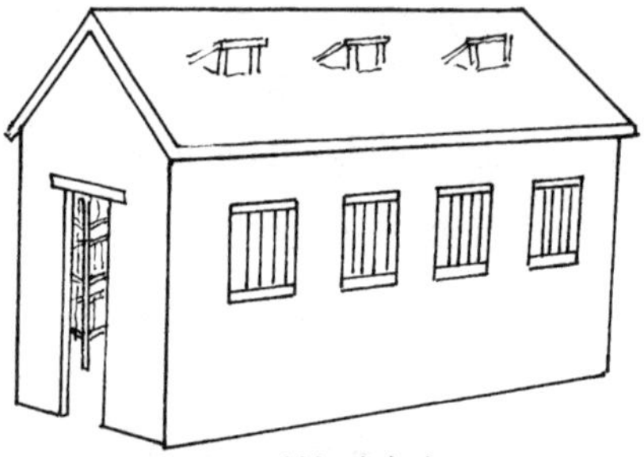
封闭式兔舍

（三）兔笼设计的基本要求

（1）兔笼的材料。设计兔笼所用材料，应本着因地制宜、就地取材的原则，力求造价低廉、经久耐用，既要符合家兔的生理要求，又有利于操作管理和清洗消毒。

（2）兔笼的形式及规格大小。应视家兔的品种及经济类型而定。如生产母兔的兔笼，一般长75～80厘米，深60～70厘米，前高45厘米，后高30～35厘米。长毛兔的兔笼一般长70～75厘米，深60～66厘米，前高45～50厘米，后高35～40厘米。

（3）兔笼的构造。一般由笼底、笼门、隔墙、承粪板组成。常用原料有砖、木、竹、水泥板或圆钢管及三角铁、焊网。

（4）制作方法。笼底一般由2～3厘米宽的竹片或塑料板做成，竹片要求平直光滑，厚薄适中，棱节要用刀刮光，用3厘米长的小钉固定在3厘米×3厘米厚的木头上或较厚的竹片上。竹片之间距离1厘米，使粪球漏下且不易使兔腿、脚掉入缝隙夹伤为宜。笼门要求能一面或两面灵活关启，用木头、竹片、焊网制作均可，要求安装牢靠，防止啃咬，管理方便。隔墙一般由砖、水泥板、木板、竹片砌成或制作，金属兔笼的隔墙一般由焊网制作。木板、竹片、焊网制作的隔墙及隔网以防止仔兔钻出且不挂带兔毛为宜。承粪板一般由水泥板、薄铁皮、木板铺塑料板制作，要求前高后低，上面光滑，粪便能顺利流下，便于清扫消毒，且不污染下层兔笼为宜。

笼门两边固定墙，前高后低粪板光。
笼底竹片把棱刮，兔子动卧都安详。

肉兔笼

长毛兔笼

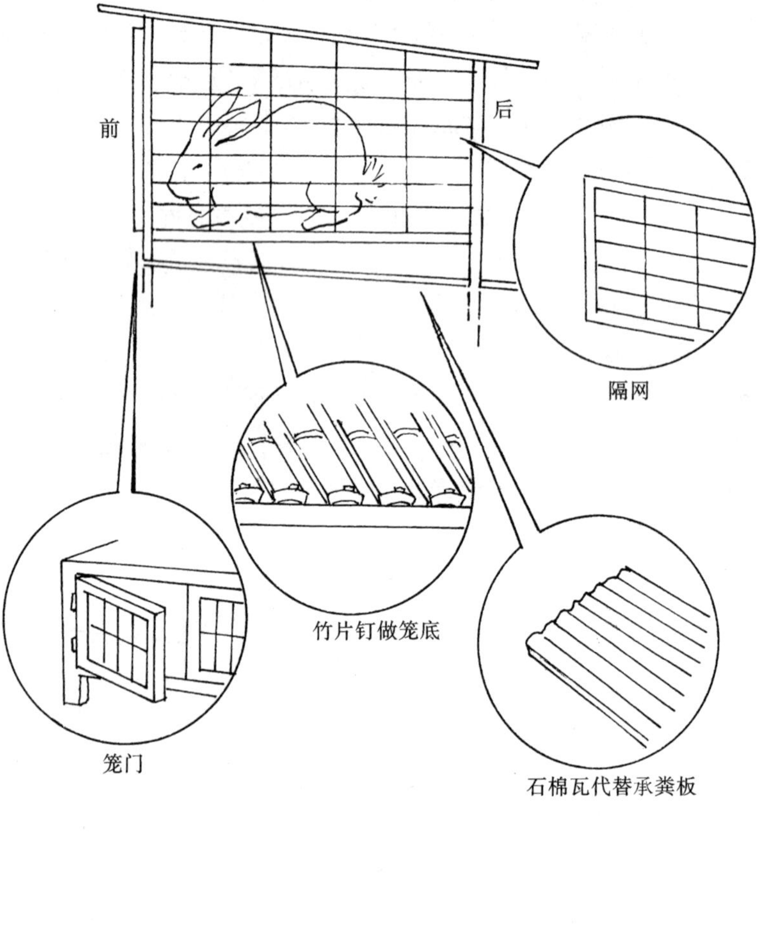

（四）兔笼的形式

兔笼的形式根据养兔场地规模大小不同及家庭自身条件，一般分为活动式和固定式两种。

（1）单层活动式兔笼：一般用木头和圆竹筒做支架，四周用小竹条或木条钉装而成。注意四周钉装木条、竹片时，间距以不大于3厘米，使仔兔钻不出为宜。笼门可以在上方和四周任一方。金属焊做的活动兔笼支架，可以用铅丝在四周及上方编制网眼。笼底用竹片制作。

（2）双联单层式兔笼：用木料或圆竹做框架，笼门在上或前方，两笼之间合用一“V”形草架，四周用竹片或木条钉制，粪尿直接流入地面。这种单层或双联兔笼，白天可以抬到室外，晚上天冷时可以抬到室内，管理方便，经济实用。

（3）双联重叠式兔笼：此种样式每层两个笼位连在一起，草架设在前方，分双层和三层，每个笼可养4～6只兔，一般用圆钢管和三角铁焊制框架，下层和中层前高后低，其他和单层构造相同。

（4）固定式兔笼：固定式兔笼分双层和三层，单列或面对面、背靠背排列，笼壁隔墙一般用砖砌成。一般三层笼总高175厘米，笼门在前方安装，背面用竹片或焊网制作，笼底用竹片制成，托粪板用水泥板、木板制作，下层后面设有排尿沟，这种形式的兔笼可以建在室内或室外，通风透光好，占地面积小，管理方便。

家兔笼子样式多，就地取材自己做。
大小多少视兔定，逐步来把规模扩。

单层活动式兔笼

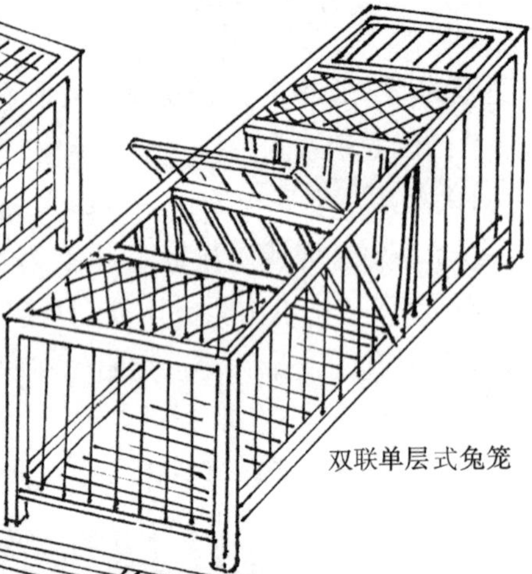
双联单层式兔笼

双层木制兔笼

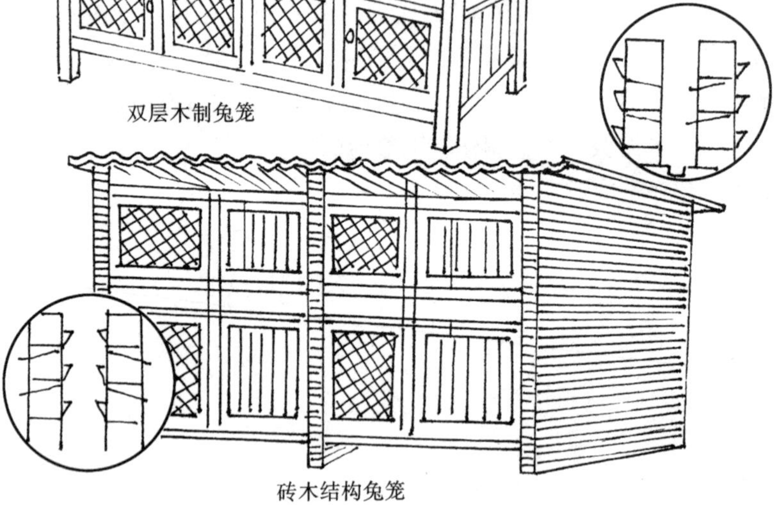
砖木结构兔笼

（五）实用环保型兔笼建筑技术

实用环保型兔笼是实现家兔绿色无公害饲养的物质基础和必要条件。其设计和建造是否合理，不但直接影响着以后饲养人员的操作管理和劳动效率，而且还影响着家兔的生长发育和健康，影响着通风透光、冬季保暖及夏季降温防暑。笔者在几十年的兔业研究和生产实践中，设计生产了适合农户和大型兔场使用的环保无公害水泥预制兔笼。通过实践，取得了很好的效果。其加工制作方法如下。

（1）备料。0.8~1.5厘米石子、沙土及500号水泥。水泥、沙土、石子的比例是1：2：4，即1份水泥、2份沙土、4份石子混合成泥状。

（2）模具。共4件，即隔墙板、下层底座、二三层底座、承粪板。隔墙板用3.5~4厘米角铁焊接，二三层底座用7~8厘米角铁制作（即用2根3.5~4厘米角铁相对制作），承粪板用2~2.5厘米角铁焊接。

（3）制作方法。先搞好地平，铺上农膜或旧报纸，将和好的泥状水泥沙石放入模具，用小型振动磨光机抹平。去掉模具前应在隔墙板前后2厘米处各预留眼孔2~3个，以备组装后拴绑笼门用。如天气高温干燥，要每天进行洒水保养，5~7天后即可立起组装。若离施工现场较远，需保养15~20天方可运输组装。

（4）笼门与隔网。用2.2~2.8毫米钢丝焊接制作，可根据笼位大小加工。注意：隔墙板及底座是通用的，笼位的大小取决于承粪板的宽窄。如要制作宽50厘米的育肥笼门，笼门宽应加工成54厘米。如需要加工宽60厘米的笼子，笼门应加工成64厘米宽。隔网相同。

（5）兔笼底。用2~3厘米竹片制作。先刮棱去节，间隙1厘米。注意笼底的宽度应比兔笼宽度短0.5厘米，否则不易放入。

（6）搞好兔舍地平。地平是弓形。宽300厘米，离边缘8~10厘米处建第一层底座，两头拉线校平逐层用1：2水泥浆黏结一头或两头砌墙留门均可，面对面兔笼需间距150厘米，笼后砌50厘米排尿沟，平底向一头倾斜，以便兔尿及时流出。

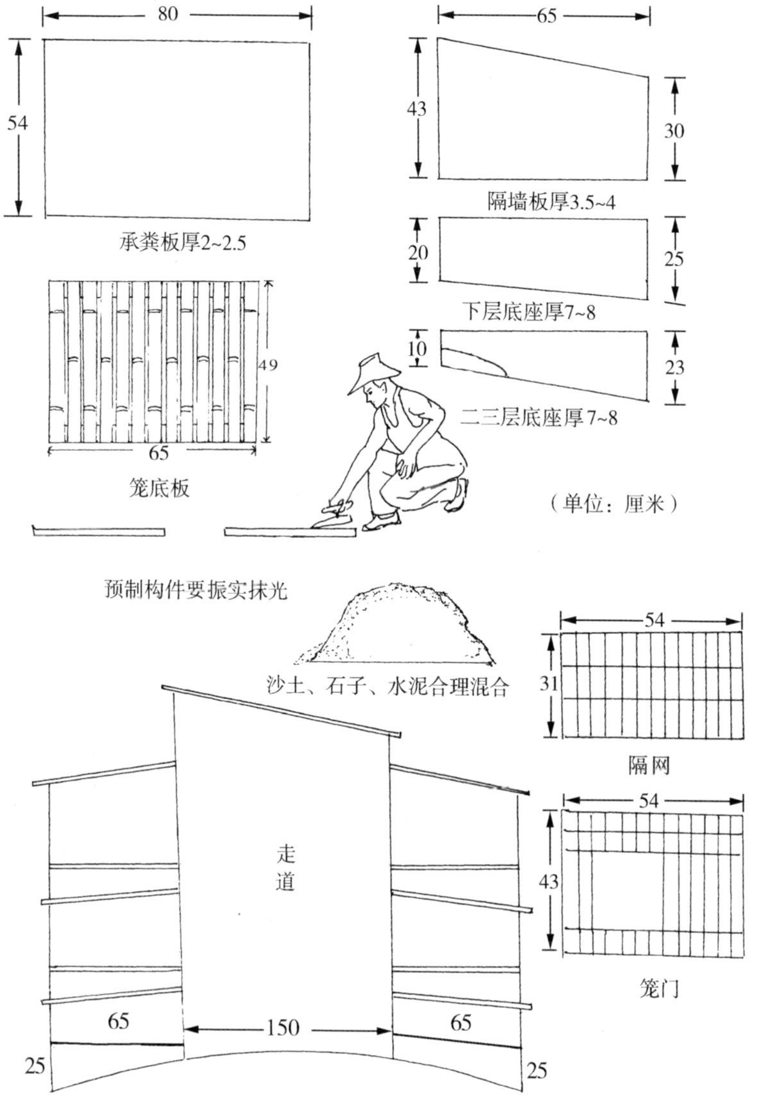
80
54
承粪板厚2~2.5
65
43
30
隔墙板厚3.5~4
20
25
下层底座厚7~8
10
23
二三层底座厚7~8
49
65
笼底板
（单位：厘米）
预制构件要振实抹光
沙土、石子、水泥合理混合
54
31
隔网
54
43
笼门
走道
65
150
65
25
25

（六）养兔其他设备

养兔除了有兔舍、兔笼外，还要有草架、食槽、饮水设备、产箱等。

（1）草架。主要用于饲喂青草，一般用木条、竹片及钢丝制作成“V”形的大草架和小草架。大草架放在圈中使用，一般高50厘米，上口宽40厘米，竹片间隙4厘米，长100～120厘米。小草架挂于笼门一侧。

（2）食槽。食槽一般有陶制、木制、竹制、铁皮和塑料制等，又分大食槽和小食槽。食槽要求能防止啃咬，坚固耐用，兔扒不翻，便于刷洗消毒，且造价低廉。

（3）饮水设备。饮水设备多种多样，一般用陶制的小口大底水钵，既可喂料也可饮水。家庭也可用灭菌瓶或酒瓶制成饮水器，大型兔场一般用自动饮水器。

（4）产箱。又叫巢箱，是母兔产仔、哺乳的重要设备。一般用厚1.5厘米、质地较硬的木板制作，有条件的可用硬质塑料专门预制。产箱的规格一般是长40厘米，宽30厘米，高25～28厘米。上口钉一片6～10厘米木条，便于放倒和提拿；前方离底12厘米挖一月牙形口，便于母兔出入。也可酌情制作长40厘米，宽30厘米，高15~18厘米的平口产箱。

（5）推粪板。用铁板、圆钢焊制及木板、木棒制作均可，主要用于清除托粪板上的粪便。

喂料设备用食槽，草放架喂防掉毛。

自动饮水净防病，繁殖必须用产巢。

小草架

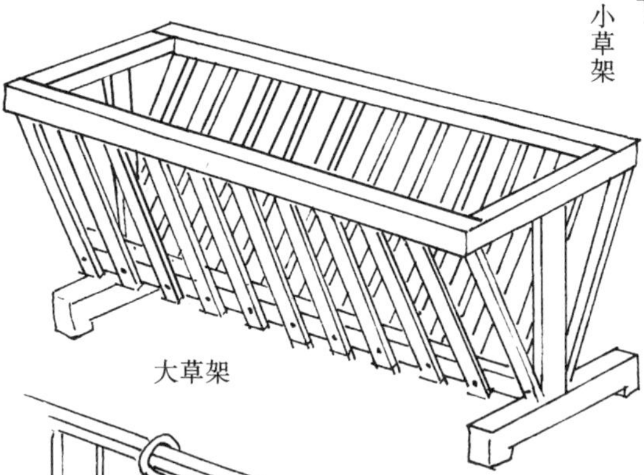

大草架

食槽

自制自动饮水器

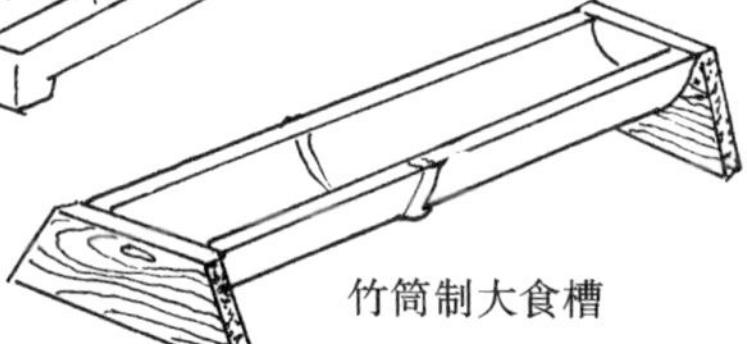

竹筒制大食槽

自动饮水器

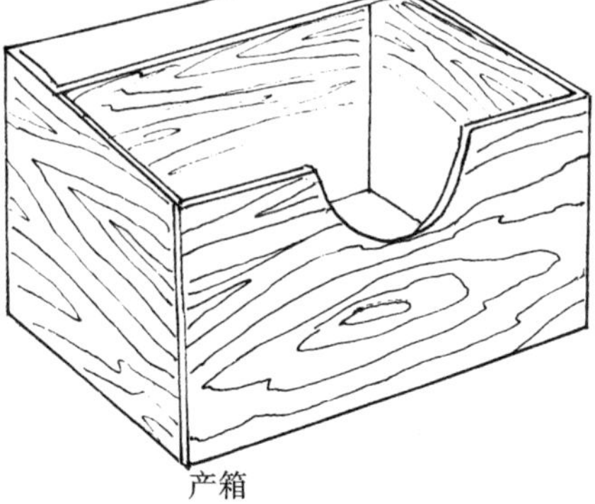

产箱

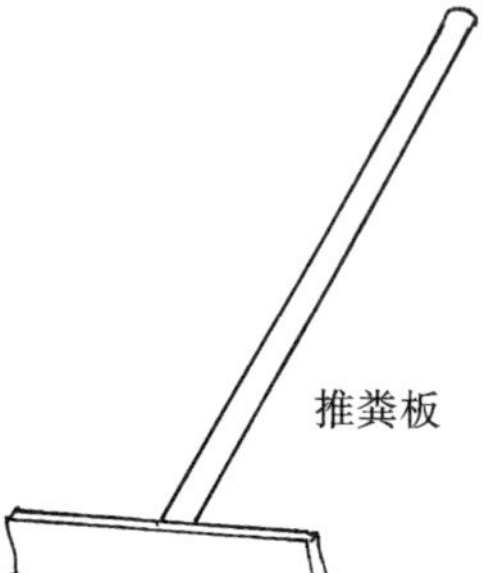

推粪板

（七）工厂化、集约化养兔笼具系统

改革开放40余年，兔业大发展，我国养兔业虽然经过几次大起大落，受到市场冲击，但是我国兔业科技工作者和养兔企业，排除万难，激流勇进，敢于担当，勇于探索，不断创新，开创了养兔生产的新局面。特别是在养兔基础设施方面有了新的突破，不断引进和研发了多种适用于工厂化、规模化、集约化生产的欧式兔笼、阶梯式兔笼、“品”字形兔笼及多项自动智能化设施。如山东四方新域农牧科技公司获国家多项专利的智能自动精准上料系统，自动拉门系统，自动饮水投药系统，自动控温排气系统及自动清粪环控系统，大大提高了生产力和生产效益，为工厂化、集约化、自动化养兔生产开辟了坦途，受到养兔从业者的欢迎和赞誉。

自动化养兔系统的笼具（欧式兔笼）与传统兔笼有很大不同，一般采用不锈钢丝或合金钢丝、镀锌钢丝焊接而成，上下两层或阶梯三层，宽敞舒适，便于观察和管理。笼底采用塑料制作，光滑平整，大大减少了脚掌疾病的发生，幼兔笼中间采用隔式圆盘立桶料槽，防止兔子跳入拉屎拉尿污染饲料，兔子围在圆桶周围吃料，吃一点流出一点，干净卫生，互不干扰。母兔产箱采用硬塑料或白铁皮制作，一般外挂，不占笼内空间，箱口正对兔笼门口，便于母兔和仔兔出入，顶部有盖，保暖性好且安静，盖上盖里边呈黑暗状，符合兔子打洞产仔的生理习性。掀开盖便于观察检查箱内情况，断奶后即把母兔取出放到上层，仔兔还养在原来笼里，减少了仔兔因转笼引起的应激反应。

尉通笼具

（八）兔舍智能自动清粪系统

清除兔舍内兔笼上的粪便，是兔场劳动强度最大的工作之一，同时也是保持兔舍干净卫生、空气新鲜的保证。传统的兔笼，上层兔子拉出来的粪便跌落在下层兔笼的承粪板上，几乎每天需要人工清理一次。人工清粪时需要一笼一笼地向下推，向下刮，兔粪跌落到排粪沟里，然后再一锹一锹地装到手推车上运到兔舍外面。还有的是人工拉着水管，一笼一笼地将兔粪冲下来，通过排粪沟流到舍外面。这种方法看似兔笼干净了，可有时不小心会将水喷到兔子身上，造成兔舍湿度过大，水和兔粪混在一起，向地下渗透，人为地造成地下水源的污染。

智能化兔舍传送带清粪机的推广应用，减轻了劳动强度，降低了人工成本，减少了环保压力， 净化了兔舍环境，减少了空气污染，有利于家兔的健康生长，使我国养兔业进入一个新的阶段，省时省工省力。

自动清粪系统配备有兔舍控温报警装置，等到兔粪跌落到传送带上达到一定重量或达到一定时间，传送带清粪机即根据自动控制系统的指令，自动启动，开始降温、排气，由纵向清粪机将粪便传送到横向传送带清粪机上，由横向清粪机输送到舍外提升机上直接装车上，运送到指定地点。工作完成后，会自动跳闸，还可粪尿自动分离，整个过程没有噪声，减少了应激反应。

纵向传送带

横向传送带

提升传送带

提升绞龙

四方新域

（九）兔舍环境调节与自动控制系统

兔舍环境调节控制如排气通风、供暖降温、除湿、光照是保证兔群健康出栏、稳产高产的必备条件，所以，工厂化、集约化养兔场，必须给家兔创造一个良好的生活环境，才能达到理想的生产目的。

家兔最适宜的生活温度是15~25℃，所以要根据冬夏温度的不同，夏季降温，冬季供暖，除湿换气的要求，为兔子设计好最适宜的指数，进行自动化控制，如夏季兔舍达到或超过了30℃，自动控制系统即会自动跳闸开启进风百叶窗进风，另一端的通风排风机即自动向外排气，将水帘湿帘的冷气吸到兔舍终端达到降温的目的。冬季兔舍温度降到零摄氏度，供暖加热机即根据自动控制系统的指令开始供暖，同时也将兔舍氨气、二氧化碳排出，保证兔舍空气的清新，减少家兔呼吸道疾病的发生。繁殖母兔需要补充光照，促使母兔同时发情进行人工授精配种时，补光灯带即同时亮起来，补光促使发情，达到同时发情，同时授精配种，同时产仔出栏的生产目的，提高经济效益。

供暖-加热器

通风-排风风机

通风-排风百叶窗

降温-湿帘

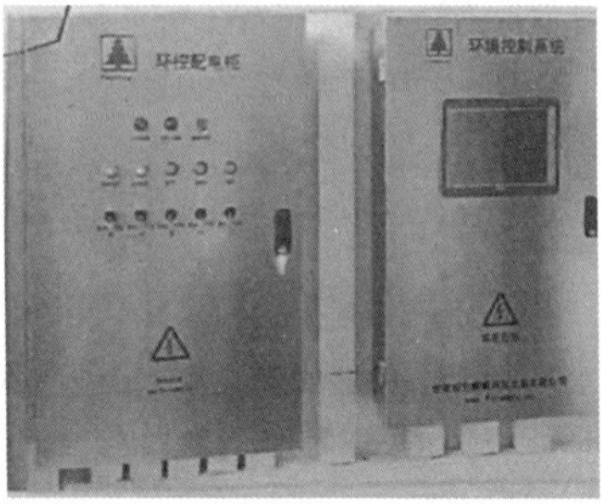

自动控制-电控

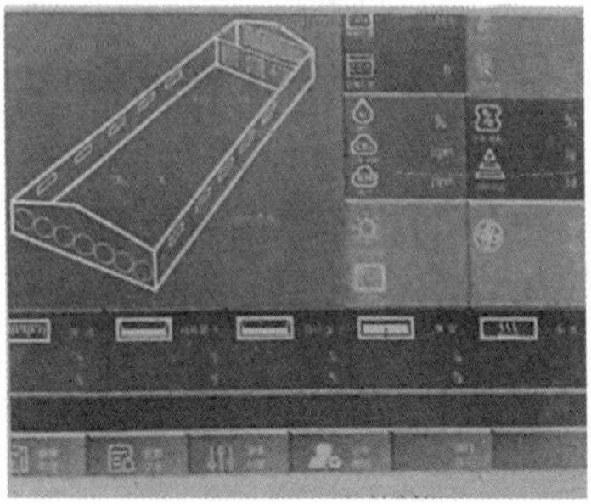

自动控制-环境控制仪

四方新域

十、家兔的饲料与调配

（一）家兔饲料的营养成分及作用

要想养好家兔，就必须了解家兔在各个生育阶段和整个生长发育过程中需要哪些营养物质，这些营养物质在兔体内有哪些作用，以及哪些饲料中含有这些营养物质，有的放矢地进行采集加工，达到低耗高效的目的。家兔需要的营养由蛋白质、碳水化合物、水、矿物质、脂肪和维生素组成。

家兔对各种营养物质的需要包括维持需要、生长需要和生产需要。

1.蛋白质在兔体内的作用

蛋白质在兔体内的作用主要是构成兔体内各种组织，维持正常的生长代谢和繁殖，参与兔体内各种酶、内分泌及抗体成分的合成。

蛋白质应在兔体内维持一定的水平，过高或过低都不好，过高不但造成饲料浪费，还会引起母兔不孕、仔兔下痢，加速患球虫病家兔的死亡。

一般家兔饲料中粗蛋白的含量是：生长兔16%，空怀兔12%，种公兔及怀孕母兔均为15%，哺乳母兔17%。

缺乏蛋白质时的表现：家兔的生长、生产受阻，抗病能力降低；公兔性欲不旺，精液品质差；母兔不易发情受孕，胎儿发育不好，弱胎、死胎增多，幼兔成活率低。所以在配合家兔饲料时应首先考虑各个生育阶段的家兔对蛋白质所需要的数量。

家兔生长靠营养，蛋白矿物水能量。

脂肪维生素别少，任缺一样兔不长。

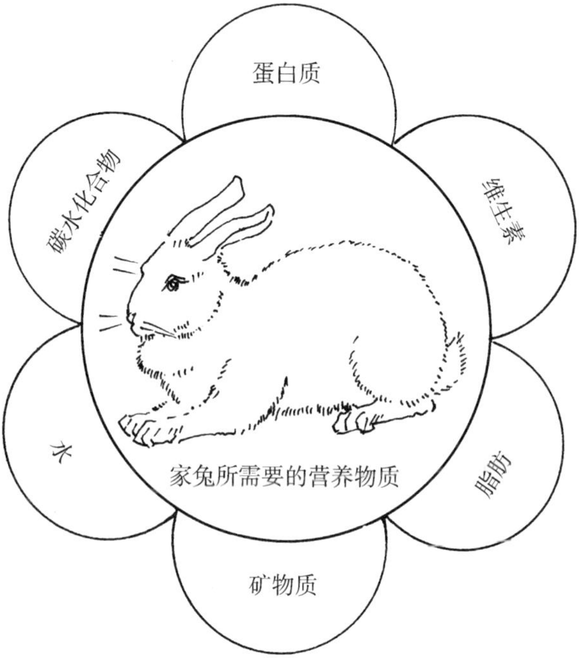
蛋白质
维生素
脂肪
矿物质
水
碳水化合物
家兔所需要的营养物质

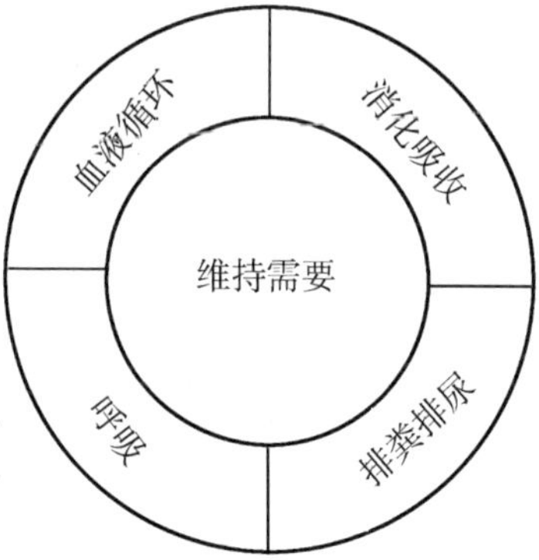
维持需要
消化吸收
排粪排尿
呼吸
血液循环

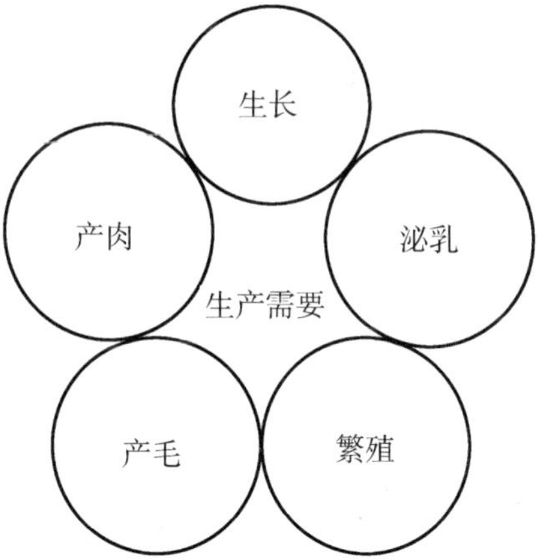
生产需要
生长
泌乳
繁殖
产毛
产肉

2.矿物质、微量元素、维生素的作用

（1）矿物质和微量元素。矿物质是兔体组织和细胞，特别是形成骨骼的主要成分，在骨粉、贝壳粉、石粉和食盐中含量较多，主要含有钙、磷、钾、钠、镁、氯等，另外还有铁、钼、钴、锌、锰、硒等微量元素。

①钙、磷。是生成骨骼和牙齿的主要成分。家兔对钙、磷的需要量，因家兔的不同生育阶段和年龄而有差异。幼兔、孕兔及哺乳母兔的饲料中应含足量的钙和磷，当日粮中缺乏时，兔子会发生软骨病。常用的麦麸中含有丰富的钙和磷，而骨粉与贝壳粉只作为钙、磷的补充，一般在1%～2%。

②钠、氯、钾。可以调节血液中的酸碱度，增加酸的活性，提高兔的食欲，促进碳水化合物的消化吸收。在饲料中添加0.5%～1%的食盐或0.5%的碳酸氢钠，家兔食欲明显增加，消化吸收加快。如果饲料中缺钾，则神经传导就会发生障碍。常喂青绿饲料，家兔就不会缺钾。

③铜、铁、钴。铁是红细胞中血红蛋白的主要原料，铜和钴可以促进红细胞的形成，缺乏这三种元素，家兔就会出现营养性贫血，尤其是哺乳母兔更为严重。各种青饲料、饼类、鱼粉中含量较多。

（2）维生素。维生素在兔体内需要量虽然很少，却是维持家兔正常生理机能所不可缺少的重要物质。大多数维生素在兔体内都不能合成，须靠饲料供给。胡萝卜、南瓜、紫穗槐叶中含丰富的维生素A，常晒太阳的家兔不会缺乏维生素D，粮食的胚芽中及麦麸、米糠中含丰富的维生素E，干酵母、谷实类、豆类、麦麸类、块根类含丰富的B族维生素。

兔体需要矿物质，平时注意可别失。

维生素类更别少，缺乏家兔命难支。

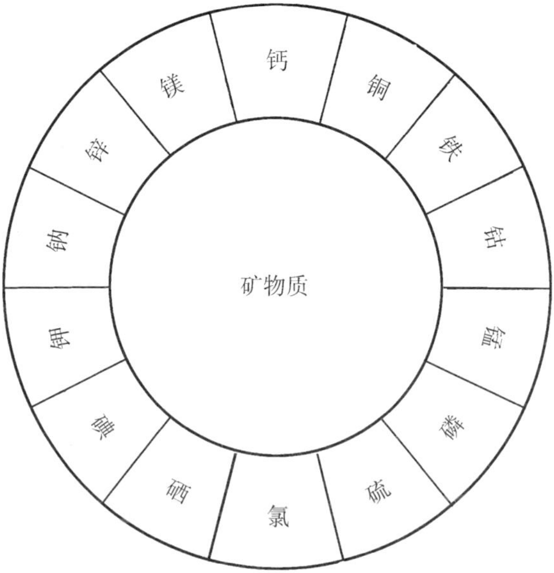

维生素	A	又称抗干眼维生素
	D	又称抗佝偻病维生素
	E	又称生育酚或抗不育维生素
	B	包括B_1、B_2、B_6、B_{12}
	K	又称凝血维生素
	C	又称抗坏血酸
	PP	又称烟酸、烟酰胺

（二）家兔的饲料种类及配制

1.家兔常用饲料的种类及特点

（1）青绿饲料。包括各种菜叶、红薯叶蔓、树叶、野菜、牧草等。其特点是幼嫩多汁，维生素含量丰富，适口性好，家兔喜食，易消化吸收，家兔上膘快，被毛光泽好。

（2）多汁饲料。包括块根块茎饲料，如红薯、胡萝卜、白萝卜、土豆等；瓜类饲料如南瓜、葫瓜、丝瓜、冬瓜、西瓜皮等。其特点是水分多，粗纤维少，糖分和淀粉含量高，维生素A含量多，但蛋白质和矿物质含量较低。

（3）粗饲料。包括各种野杂草、作物秸秆，如麦秸、豆秸、玉米秆、花生秧、绿豆角皮及各种秧蔓。粗饲料的特点是，体积大，粗纤维含量高，蛋白质、各种维生素及矿物质含量低。饲喂时应根据家兔的不同生育阶段合理搭配，一般占日粮的30%～50%。

（4）精饲料。家兔的精饲料可分为谷实类、麸皮类、植物性蛋白质和动物性蛋白质四个类别。

①谷实类饲料。主要常用的是玉米和大麦等，也用少量小麦和高粱。其特点是淀粉含量高，粗蛋白质含量在8.8%左右，是家兔主要的能量饲料，一般占日粮的20%～40%。

②麸皮类饲料。主要是小麦麸皮和精细米糠，含粗蛋白质14.4%，含糖和淀粉50%左右，一般占家兔日粮的15%～25%。

③植物性蛋白质饲料。主要是黄豆及豆粕、花生粕，其次是菜籽饼、棉籽饼、芝麻饼、向日葵饼等。其特点是粗蛋白质含量高，豆饼和花生饼是家兔常用的植物性蛋白质饲料，含粗蛋白质46%左右，一般占日粮的15%～20%。

④动物性蛋白质饲料。鱼粉含粗蛋白质60%左右，肉骨粉含粗蛋白质55%，血粉含粗蛋白质75%～80%，蚕蛹粉含粗蛋白质45%～60%。其特点是粗蛋白质含量高，因家兔不喜食动物性饲料，一般在日粮中不超过4%。

饼粕玉米和麦麸，精粗搭配营养足。
别忘蛋白矿物质，微量元素多维补。

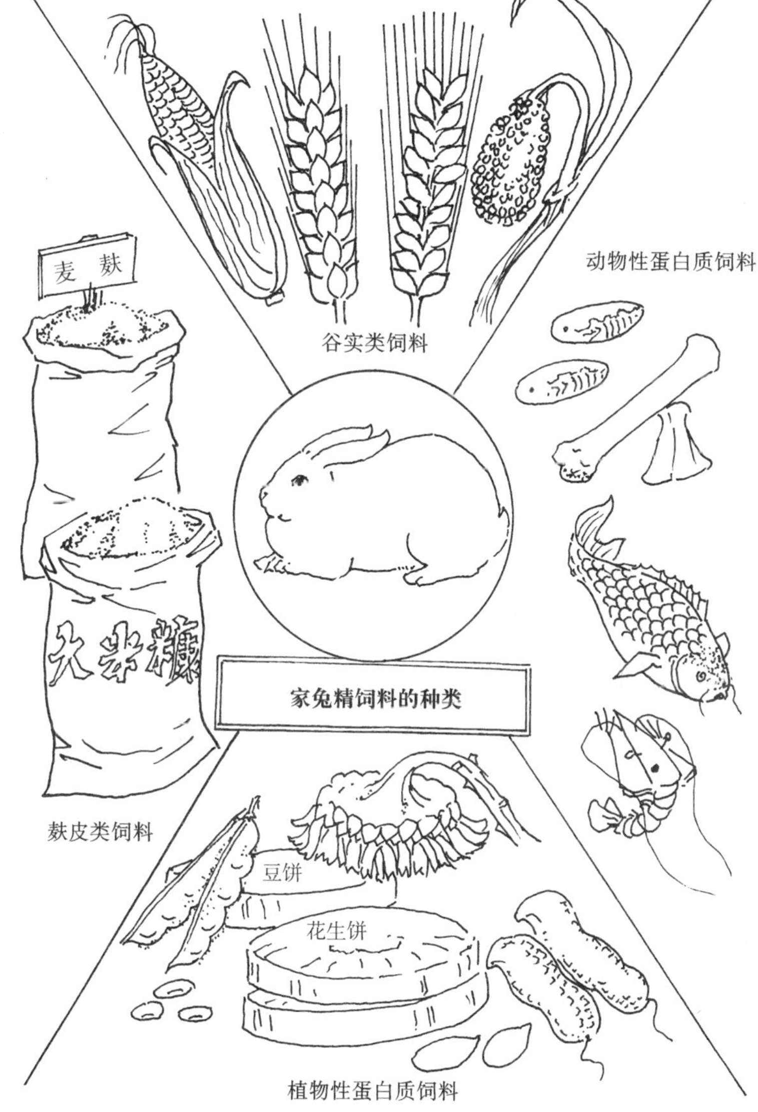

家兔精饲料的种类

2.家兔饲料的配合要求

根据家兔不同生育阶段的生理消化特点和饲料种类及营养价值的不同，尽可能满足其对营养物质的需要，从而达到兔群体质好、生长发育快、产品质量高、生产成本低的目的。

家兔配合饲料的来源广泛，除少量蛋白质饲料、矿物质饲料及添加剂需购买外，一般应采取就地取材的原则，使用当地农副产品下脚料，合理搭配，力求做到饲料多样化，适口性好，消化利用率高，成本价格低，并保持饲料配方的相对稳定性。

在配合家兔饲料时，一定要掌握以下几项原则：

（1）必须以家兔不同生育阶段的生理消化特点及其所需要的营养标准为基础。

（2）必须注意所配饲料的适口性，色、香、味要好，家兔喜欢吃。霉变饲料不要用，防止中毒。

（3）必须注意饲料的体积，各种粗饲料的粉碎要细，幼兔饲料更要注意草粉不可太粗。

（4）必须注意饲料的多样化，即饲料品种要多，互相搭配，取长补短，提高利用率。

（5）必须注意精粗饲料的比例及日粮中能量与可消化蛋白质含量的比例要合理。

（6）必须根据家兔的年龄大小、经济类型及消化特点，制定不同的配方，且要价格低廉。

（7）必须注意幼兔、成年兔冬季和夏季对能量和蛋白质的要求不同，如夏季幼兔易患球虫病，蛋白质饲料含量高了易加速死亡；夏季成兔的能量饲料（如玉米）含量高了易使成年兔体内大量产热，增加中暑概率。

根据阶段配饲料，青成幼兔定指标。
注意品种多样化，色香味正适口好。

家兔的饲料配方

仔幼兔 	玉米30%，麸皮24%，豆粕15%，鱼粉2%，花生秧粉28%，食盐0.55%，PB一号添加剂0.45%。含消化能11.13兆焦/千克，含粗蛋白质17.27%，含粗纤维9.61%
青年兔 	玉米25%，麸皮20%，豆粕10%，花生秧粉44%，食盐0.67%，PB二号添加剂0.33%。含消化能10.4兆焦/千克，含粗蛋白质14.68%，含粗纤维12.38%
怀孕母兔 	玉米25%，麸皮23%，花生饼8%，豆粕8%，花生秧粉35%，食盐0.67%，PB二号添加剂0.33%。含消化能11.08兆焦/千克，含粗蛋白质16.45%，含粗纤维11.24%
哺乳母兔 	玉米28%，麸皮25%，花生饼8%，豆粕10%，花生秧粉28%，食盐0.67%，PB二号添加剂0.33%。含消化能11.49兆焦/千克，含粗蛋白质17.07%，含粗纤维10.05%
种公兔 	玉米30%，麸皮20%，花生饼10%，豆粕4%，花生秧粉35%，食盐0.67%，PB二号添加剂0.33%。含消化能11.24兆焦/千克，含粗蛋白质15.5%，含粗纤维10.99%
	PB添加剂是笔者自己研制的添加剂。 PB一号添加剂，含仔幼兔生长所需要的各种微量元素及抗球虫病、抗肠道病药物，使用此添加剂不需要再添加其他药物及添加剂 PB二号添加剂，是青年兔、怀孕母兔、哺乳母兔、种公兔的添加剂，提供微量元素、矿物质。使用此添加剂不需要再添加其他药物及添加剂

3.家兔混合饲料的配制注意事项

在给家兔配制饲料时，应注意以下几点：

（1）要根据客观实际，考虑家兔需要饲料的种类，现有哪些，缺少哪些，哪些可以就地取材，哪些需要购买或代替。如现有玉米、麸皮、花生饼，其能量饲料和蛋白质饲料就够了，并非一定要购买价格昂贵的鱼粉。如当地有大量的黄豆秸秆或玉米秆、干青草粉，就不一定非用花生秧粉。而家兔的粗饲料种类越多越好，选择几种配成粗饲料比单独一种饲料的营养要全面。

（2）配制的饲料一定要味香，不霉变，兔爱吃。各种饲料按比例拌和后一定要混合均匀。

（3）先设计好家兔各个生育阶段所需饲料的营养标准，制订好百分比，再查找家兔饲料营养成分表，将各类饲料的消化能、粗蛋白质、粗纤维标准逐一相加，再与设计标准比较，基本接近和吻合即可。例如要配合粗纤维含量为12%～13%，粗蛋白质为15%～17%，消化能为11～12兆焦/千克的哺乳母兔料，即玉米27%，麸皮18%，花生饼18%，花生秧粉36%，食盐0.67%，PB二号肉兔添加剂0.33%。其中消化能11.42兆焦/千克，粗蛋白质16.4%，粗纤维11.41%，和设计配方基本接近。

（4）饲料中的食盐、药物、添加剂用量较少，一定要严格换算称重，不能盲目估计添加，并且要特别注意先预混，而后与大堆饲料逐级混合均匀。氯苯胍的用量是每千克饲料300毫克，PB一号添加剂的混料比例0.45%，PB二号添加剂的混料比例是0.33%，因为这两种添加剂是根据家兔的营养和抗病需要合理配制的，所以就不需要再添加其他药物和添加剂，以免发生不良反应。

就地取材备好料，查找营养成分表，
消化蛋白粗纤维，保持平衡效果好。

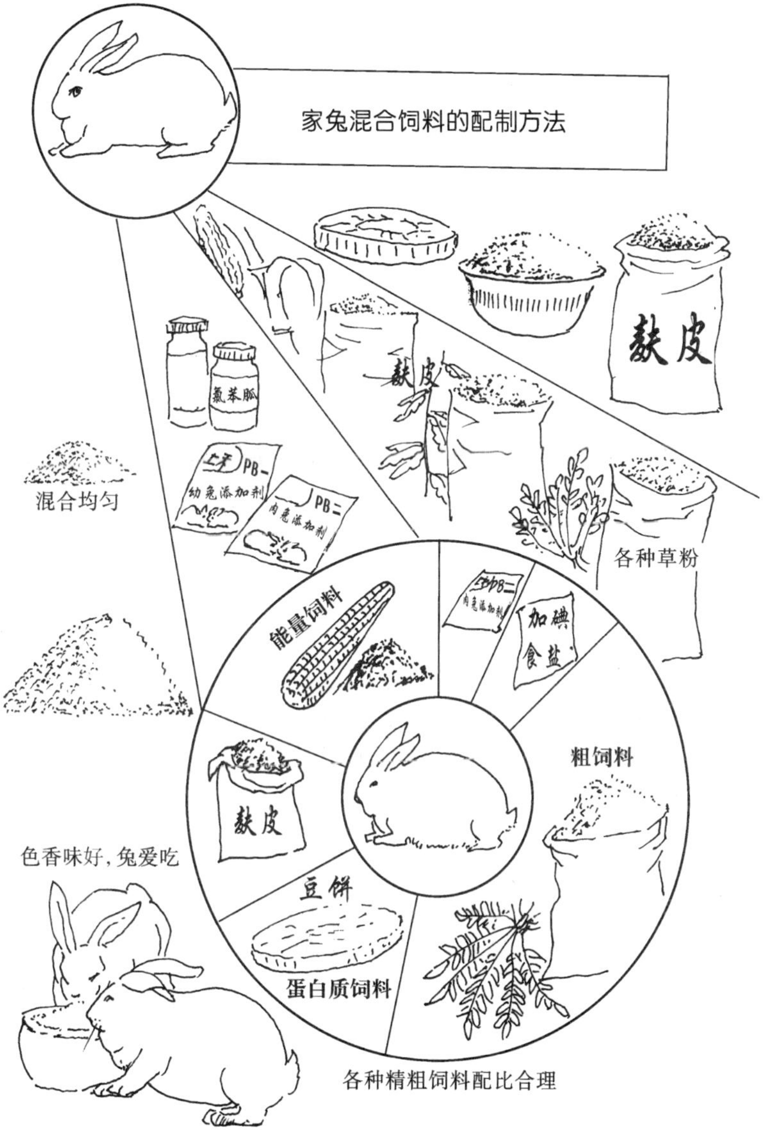
家兔混合饲料的配制方法
麸皮
麸皮
氯苯胍
PB一
幼兔添加剂
PB二
肉兔添加剂
各种草粉
混合均匀
能量饲料
加碘食盐
粗饲料
麸皮
豆饼
蛋白质饲料
色香味好，兔爱吃
各种精粗饲料配比合理

4.家兔颗粒饲料的加工方法和技术要求

随着我国养兔技术水平的不断提升，颗粒全价饲料被广泛应用于养兔业，特别是规模化、工厂化养兔场使用颗粒饲料能极大节省饲料、提高工作效率。

（1）使用颗粒饲料的好处。①符合家兔喜欢啃咬、需不断磨牙的生理特性。②颗粒饲料使饲料熟化，适口性好，易消化吸收，饲料转化利用率高。③通过制粒过程中产生的高温，可以杀死饲料中的病菌，起到杀菌消毒作用，减少家兔肠道病的发生。④避免夏季水拌粉料变酸和腐败发霉现象，且便于储存，饲喂方便。⑤颗粒饲料可以减少对长毛兔和獭兔被毛的污染，使家兔被毛光亮色泽好。

（2）颗粒饲料的制作方法。①将各种饲料原料、药物、添加剂根据饲料配方按比例倒在一起，在地平上用锨翻动，一锨一锨地往堆尖上放，翻一遍就成圆锥体；反复翻动4~5遍即可混合均匀。注意，添加的预混料或药物添加剂应先用少量玉米粉或麸皮逐级预混，然后撒在大堆上翻匀即可用颗粒机制粒。②如使用饲料预混机混合，应先将玉米倒入粉碎机粉碎，吸入大仓，同时将粉状麸皮、草粉、药物、添加剂等原料从进料口喂入，经20分钟左右即可搅拌均匀，倒出后即可制粒。③调好颗粒机压辊螺丝，慢慢将饲料倒入颗粒机，等正常出料后，即可不断向颗粒机料斗进料制粒。④颗粒轧出后，应倒在地平或塑料膜上晾凉，然后装袋保管。⑤不要购买使用需加水6%甚至15%的颗粒机，这种机器加水多，制好的颗粒需要在阳光下晒干，在晒的过程中易使饲料中的营养、药物、添加剂挥发，且粉多粗糙，夏天饲料常发霉变质，弊多利少。要选用新型干进干出的颗粒饲料机（如浙江嵊州市金塔通用机械有限公司生产），这种机器不需加水，干进干出，制粒坚硬光滑、熟化深透、产量高，效果很好。

先将所有饲料原料倒入
饲料搅拌机搅拌均匀

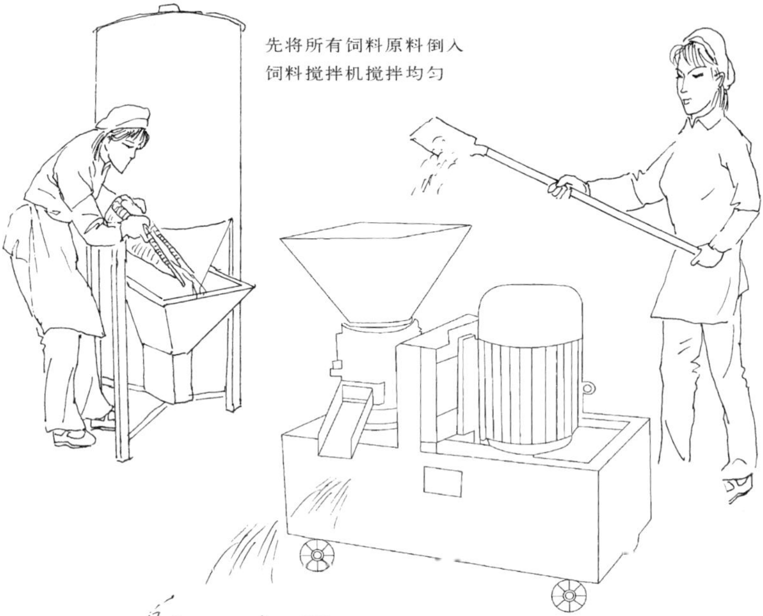

干进干出把粒轧，制粒坚硬又光滑。
熟化深透效果好，杀菌消毒易消化。
饲料转化效率高，营养药物少挥发。
新型机器哪里有，浙江嵊州找金塔。

（三）要切实保证兔用草粉饲料的质量安全

家兔的粗饲料种类很多，常用的主要有各种野杂草粉，树叶粉，各种农作物秸秆粉，如花生秧粉、大豆秸粉、玉米秆粉、麦秸粉、红薯秧粉、胡萝卜缨粉、豌豆秧粉等。有的作物秸秆很容易发霉变质，如胡萝卜缨、红薯秧等；有的秸秆含有大量泥沙，如花生秧、花生壳等。无论是自己加工或者采购的秸秆草粉，一定要保证质量安全。

以花生秧为例，做到色艳、味香、无霉变、无尘土、无地膜。保证用其加工的配合饲料，兔子食用后不会出问题，健康出栏。

保证花生秧粉质量安全的具体做法是：①如果是春季种的地膜花生，在收获时（无论是人工或是机收）一定要趁湿将地膜及时拣出来（干后地膜不好拣除），晒至八九成干时及时上垛，盖好，防止雨淋，这样不但可以保证加工的花生秧粉色艳、味香，还可以减少因长期暴晒造成营养挥发损耗。②花生秧、花生壳及其他含泥沙较多的干草一定要先过滚筒筛，筛去尘土再粉碎装袋，花生秧粉中如尘土超标，很容易造成家兔腹泻，肠黏膜脱落死亡（无药可治）。③粉碎的草粉要装袋过磅封口，及时入库或装车外运。装车外运的车辆一定要盖好篷布，防止途中雨淋。④未能及时外运入库的草粉一定要在草场干燥处铺垫防潮垫码垛，盖好篷布。

家兔的全价饲料、预混合饲料

为了推动我国养兔业规模化、产业化、工业化健康发展，使农村作物秸秆等饲料资源得到充分利用，我国兔业科技工业作者、动物营养学家及养兔企业家，根据家兔的生理消化特点，结合我国的基本国情及各地农村的客观实际，研制了不同品牌的家兔全价饲料、预混合饲料、浓缩饲料，为推动我国兔产业化发展，发挥了积极的作用。使用家兔的全价饲料、预混合饲料、浓缩饲料，不但充分利用了农村农作物秸秆等饲料资源，而且减少了因焚烧秸秆造成的环境污染压力，更重要的是使家兔的全价饲料的营养成分充足、全面和平衡，并且减少了采购各种饲料原料的麻烦，省时、省工。因而受到了中小养兔企业和养兔农户的欢迎。

家兔的全价饲料

家兔的全价饲料是根据家兔的不同经济类型及不同生物阶段的营养要求，配制的可以直接喂兔的成品饲料。家兔的全价饲料中，不但含有草粉、玉米、麸皮、豆粕等精粗饲料及蛋白质饲料，而且含有各种氨基酸，维生素及抗球虫药，抗肠道病药物和添加剂。使用家兔全价饲料可以大大减少采购各种原料的麻烦和困难。同时也减少了加工颗粒饲料购置的机械设备、建设存储库房的经济支出，极大地方便了中小型养兔企业及养兔农户。目前，从事全价饲料产品加工的企业较多，产品质量及使用原料差异很大导致产品质量良莠不齐。养兔者须全面了解该品牌的质量。不能听饲料营销人员的介绍，要向使用过的用户了解该品牌的抗病效果及幼兔成活率情况，先少量购买，使用效果良好后再大量购买投入使用。幼兔饲料全价饲料使用更换时应循序渐进，逐步更换，以免产生拉稀等不良反应。

PB一号全价料，PB二号做配套。
防治幼兔球虫病，肚胀拉稀病全消。
二号母兔促发情，代替青绿添加料。
提高母兔繁殖率，生产目的早达标。

金裕饲料出济源，畅销超过二十年。
质优价廉效果好，全国兔界都称赞。
研发团队聚贤才，质量效果把关严。
跟踪饲喂伊普吕，引领兔业大发展。

家兔的预混合饲料

家兔的预混合饲料是由各种饲料添加剂、微量元素、抗病药物，有载体或无载体制成的稀释混合物。在加入各种饲料原料前不可直接投喂家兔。研制家兔预混合饲料的目的，是为了把复杂的饲料配方简单化，并保证家兔饲料中各种营养成分足量、全面均衡。使用预混合饲料可以在配料加工时减少采购各种维生素、微量元素及各种抗病药物的麻烦，使饲料添加剂在饲料中添加标准化分布均匀，改变饲料中的不理想状态，减少加工工序和计算等生产环节，只要按产品说明提供设计好的预混合饲料配方加入各种饲料原料就可以了，非常方便、省时、省工。

含载体的预混合饲料一般占全价饲料的2%~5%，如央视上榜品牌的肥乐多复合预混合饲料占全价饲料的4%，不含载体的PB一号幼兔添加剂、PB二号成兔添加剂分别占全价饲料的0.33%和0.5%。

值得注意的是，预混合饲料的质量良莠不齐，利弊同在。如有的预混合饲料生长速度很不错但是使用过程中常常有母兔不发情、长期配不上种的现象。还有的情况是抗病效果好，但母兔流产现象严重。使用时一定要及时向生产商咨询直接原因。

PB一号预混料，抗病促生作主导。
研发成功二十载，实践证明效果好。
两广两湖北疆蒙，苏浙齐鲁皖畅销。
云贵川渝陕甘宁，豫冀山西福知晓。
兔预混料肥乐多，助力养兔上规模。
央视上榜质量好，很受欢迎卖全国。

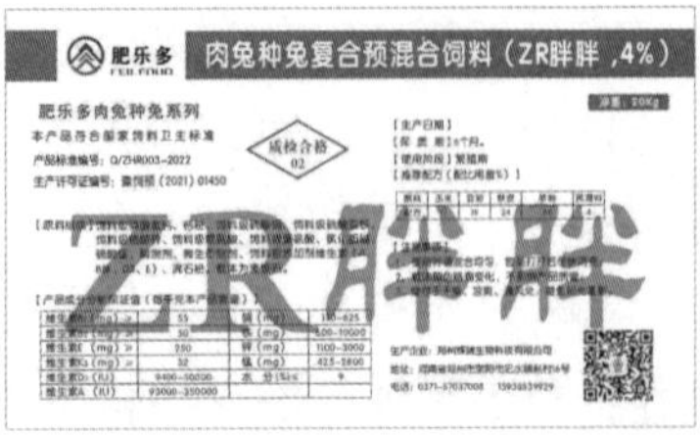
肥乐多
肉兔种兔复合预混合饲料（ZR胖胖 ,4%）
肥乐多肉兔种兔系列
本产品符合国家饲料卫生标准
质检合格 02
ZR胖胖

PB一号幼兔添加剂

PB二号成兔添加剂

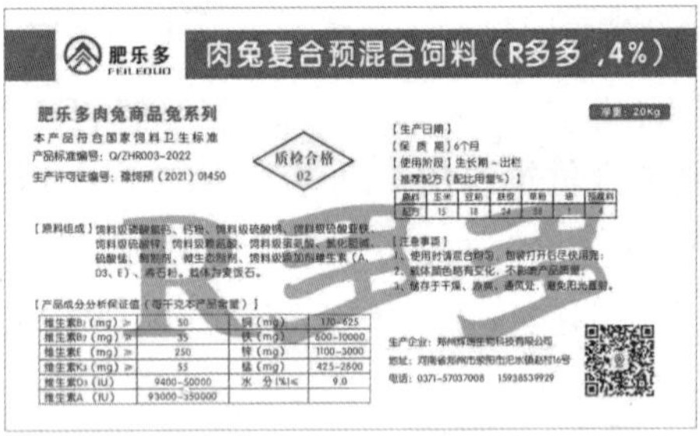
肥乐多
FEILEDUO
肉兔复合预混合饲料（R多多 ,4%）
肥乐多肉兔商品兔系列
本产品符合国家饲料卫生标准
产品标准编号：Q/ZHR003-2022
生产许可证编号：豫饲预（2021）01450
质检合格 02
净重：20Kg
【生产日期】
【保质期】6个月
【使用阶段】生长期～出栏
【推荐配方（配比用量%）】
【原料组成】
【注意事项】
【产品成分分析保证值（每千克本产品含量）】
电话：0371-57037008 15938539929
R多多

河南省科学技术普及成果奖
获奖证书
项目名称
完成人
所在单位
荣获河南省科学技术普及成果奖
等奖。
特发此证，以资鼓励。

本产品符合国家饲料卫生标准
肥乐多
复合预混料
ZR胖胖

本产品符合国家饲料卫生标准
肥乐多
FEILEDUO
复合预混料
手拉手的承诺
心连心的服务

CCTV
肥乐多
郑州肥乐多生物科技有限公司
ID：2286-0957-6005-0041

家兔混合饲料的配制方法

农村家庭养兔的饲料来源丰富，应本着就地取材，充分利用农副产品下脚料作物秸秆，变废为宝的原则，根据家兔的生长和营养需要，力争做到饲料原料多样化，特别是饲料草粉，适口性好，并保证各种营养成分相对稳定，根据家兔的经济类型及生育阶段酌情配制。一般幼兔饲料的营养水平要适当高些，且宜于消化吸收；青年兔的饲料营养水平可适当低些；怀孕兔及哺乳母兔的饲料既要考虑保证母兔自身的体质健康，又要考虑胎儿的发育和产后泌乳，要保证母壮儿胖；种公兔的饲料蛋白的含量一定要稍微高一些，以保证产生强壮的精液提高母兔受胎率。

如要配制粗纤维含量在10%~13%，粗蛋白质含量在15%~17%，消化能在10%~12%的饲料，首先要根据要求制订百分比，然后查找《家兔常用饲料营养成分表》，将计算出来的各种饲料的消化能、粗蛋白质、粗纤维的含量逐一相加，再与设计标准相加，如基本吻合即可，同时在平时饲喂时再补喂些青绿多汁饲料，一般可以满足家兔的营养要求，毕竟饲料中还有添加的混合饲料。

家兔全价饲料配制计算参考表

饲料名称	数量（%）	消化能（兆焦/千克）	粗蛋白质（%）	粗纤维（%）
玉米	25	14.36×0.25=3.59	8.8×0.25=2.2	1.6×0.25=0.4
麸皮	18	10.59×0.18=1.91	14.4×0.18=2.59	9.4×0.18=1.69
花生饼	18	16.50×0.18=2.97	41.0×0.18=7.38	8.0×0.18=1.44
花生秧粉	20	7.41×0.20=1.48	11.7×0.20=2.34	21.8×0.20=4.36
大豆秸粉	16	5.23×0.16=0.8368	8.1×0.16=1.30	28.5×0.16=4.56
骨粉	2			
PB一号添加剂	0.5			
食盐	0.5			
合计	100	10.81	15.81	12.45

家兔饲料加工常用原料营养成分

饲料名称	干物质（%）	消化能兆焦/千克	粗蛋白质（%）	粗纤维（%）	钙（%）	磷（%）	赖氨酸（%）
玉米	85.0	14.36	8.80	1.6	0.08	0.18	0.22
小麦	86.1	13.60	14.6	2.40	0.05	0.32	0.33
大麦	88.5	12.44	11.10	4.9	0.03	0.31	0.53
米大麦	89.6	12.04	9.90	8.90	0.15	0.23	0.39
燕麦	89.6	2.37	9.90	8.90	0.15	0.23	0.40
碎米	87.6	3.51	6.90	1.20	0.14	0.25	0.34
小麦麸	88.4	10.59	14.40	9.40	0.03	0.48	0.60
大麦麸	88.0	12.39	15.40	5.11	0.33	0.47	0.32
米糠	89.3	2.76	6.2	36.8	0.36	0.43	0.21
豆饼	84.8	14.28	44.5	5.1	0.30	0.50	2.90
花生饼	89.6	16.50	41.0	8.0	0.33	0.58	1.60
葵花籽饼	89.0	7.61	31.5	19.8	0.40	0.40	1.13
玉米胚芽饼	91.8	3.99	16.8	5.5	0.04	1.48	0.67
棉籽粕	89.8	10.13	32.60	13.60	0.23	0.90	1.10
芝麻饼	90.2	3.35	35.4	7.20	1.49	1.16	0.88
菜籽饼	89.8	11.45	41.40	11.80	0.79	0.98	1.11
干豆腐渣	97.1	16.30	27.45	13.55	0.22	0.26	1.45
红薯干粉	88.2	0.55	2.0	1.8	0.08	0.04	0.14
啤酒糟粉	86.4	0.62	3.6	2.3	0.06	0.08	0.14
苜蓿草粉	90.2	8.49	16.1	25.2	1.05	1.31	0.87
花生秧粉	87.5	7.41	11.7	21.8	1.89	0.09	0.40

续表

饲料名称	干物质（%）	消化能兆焦/千克	粗蛋白质（%）	粗纤维（%）	钙（%）	磷（%）	赖氨酸（%）
大豆秸粉	88.00	5.23	8.1	28.5	1.55	0.11	0.28
麦秸粉	90.07	6.2	5.7	40.0	0.28	0.03	0.15
玉米秆粉	88.8	2.30	3.3	33.4	0.67	0.23	0.05
干青草粉	90.6	5.49	8.9	30.8	0.54	0.25	0.31
松针粉	83.3	8.28	8.5	26.7	0.20	0.98	0.39
洋槐叶粉	90.30	10.00	18.10	11.20	2.21	0.21	1.35
紫穗槐叶粉	90.60	10.55	23.00	12.90	1.40	0.40	1.45
红薯	25.0	1.34	1.0	0.1	0.06	0.07	0.13
土豆	23.5	0.83	2.30	0.90	0.33	0.07	0.09
胡萝卜	10.0	0.39	1.2	1.5	0.05	0.01	0.06
胡萝卜缨	12.0	0.39	2.2	2.2	0.38	0.05	0.14
大白菜	7.6	0.39	2.1	1.8	0.29	0.07	0.02
甘蓝叶	9.90	1.00	1.80	1.60	0.08	0.04	0.09

草晒干后要及时上垛盖好，防止雨淋

加工粉碎好后要及时外运或上垛

加工花生秧一定要先过滚桶筛除尘

（四）家兔可饲用的青草

1.用于家兔催乳的野草

（1）王不留行。又名麦蓝菜、麦莲子。

形态：一年生草本，高30～70厘米，叶卵状椭圆形或卵状披针形，无叶柄，粉绿色，全株无毛。聚伞花序，有多数花，花筒具5棱并具5条宽绿色脉，花后基部稍膨大，顶端明显狭窄；5个粉绿色花瓣，倒卵形。蒴果卵形，有4裂齿，包于宿存萼内，种子多数，球形，暗黑色。

多生于麦田，我国大部分地区均有分布。种子可药用，有活血、通乳、消肿之功效。

（2）益母草。又名茺蔚。

形态：一年生或二年生草本，茎高30～120厘米，有倒向糙毛。茎下部叶轮廓卵形，掌状三裂，其上再分裂，中部叶通常三裂成矩圆形裂片，花序上的叶呈条形或条状披针形，全缘或具稀少牙齿。轮伞花序，轮廓圆形，有刺状小苞片，花萼筒状钟形，花冠粉红色或淡紫红色。

多生于灌丛间、河边、路沟旁。河南大部分县市均有分布。全草可入药，用于防治母兔病及眼疾、利尿。

（3）虫卧单。又名小虫卧单、地锦。

形态：一年生草本，植株含白色汁液，全草茎匍匐地面，根茎部分多枝，细弱，淡红色。叶对生，长圆形。花序杯状，生于枝顶叶腋内，淡红色，开花在5～7月，果熟在7～8月。种子卵状三角形，黑褐色。

河南各地均有分布。多生于田间、荒地、果园或菜园。家兔喜食，全草药用，具有活血、止血、通乳、利尿、清热解毒之功效。

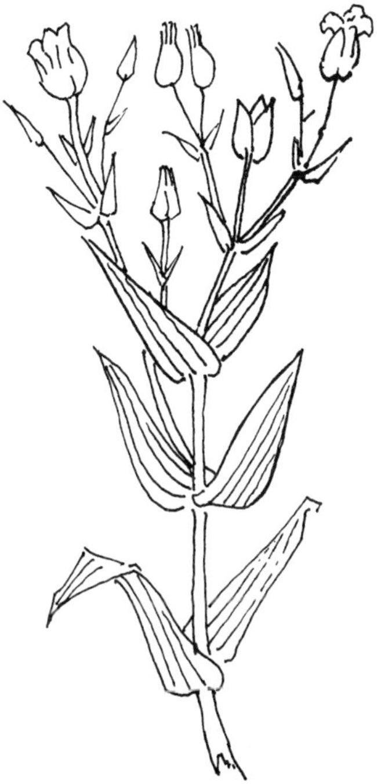

王不留行

王不留行能通乳，母兔产后将它补；
苦味较重适口差，种留药用叶秆煮。

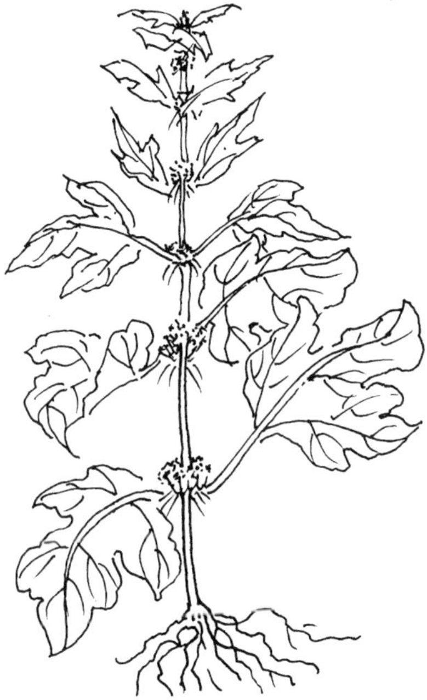

益母草

灌木丛中河路旁，常有益母草生长；
常喂能防母兔病，遇到就割切莫忘。

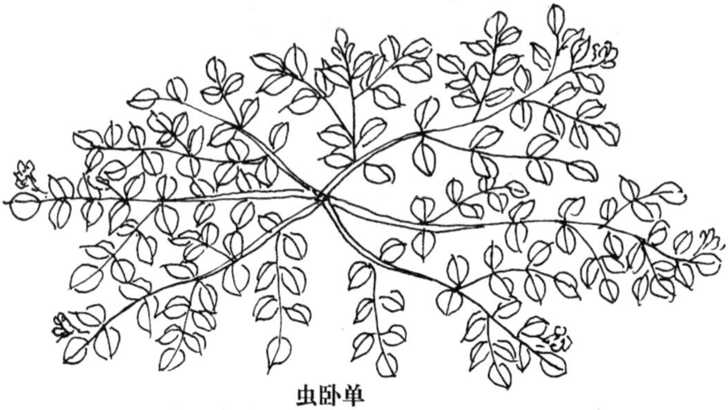

虫卧单

小虫卧单是个宝，活血利尿催乳好；
王不留行混合喂，母兔无病用药少。

2.家兔喜食的营养丰富的野草

（1）水萝卜棵。又名离子草、涩荠菜、离蕊芥。

形态：一年生草本，高8～35厘米，疏生短腺毛，茎斜上或铺散，有分枝，基生叶和下部叶羽状浅裂，长椭圆形或矩圆形，先端极尖。总状花序顶生，花梗极短，花紫色。长角果细圆柱形，种子椭圆形，淡褐色。

河南各地均有成片分布，常见于麦田、路边或林间等。家兔特喜食，营养丰富，是家兔优质青饲料。

（2）猪毛菜。

形态：一年生草本，茎高30～100厘米，自茎基部分枝，常呈团状，叶细长似针或近似圆柱形，暗绿色，长5厘米左右。花两性，多在枝端成穗状花序，有时在叶腋单生，具苞片2个，有锐尖，萼片5片，白色透明。果实球形，生有短翅，包围果实，雄蕊5个。

各地均有分布，多生长于沙质土地、河堤及路旁。含钙、铁丰富，家兔喜食。

（3）荠荠菜。又名风花菜、黑心菜。

形态：二年生草本，茎高15～30厘米，有分枝，生在基部的叶有羽状裂片，无规则，长5～6厘米，茎生叶较小。花白色，很小，春季开放，果实倒心形。

河南各地均有分布，多生长在麦田、菜园、路旁、果园。含有维生素A和维生素C，为营养最丰富的野菜，家兔喜食。

水萝卜棵

水萝卜棵春天多，提篮地里把它割；
鲜嫩味美兔爱吃，欢蹦活跳满圈乐。

猪毛菜

猪毛菜中含钙铁，嫩苗似针不像叶；
切碎拌料春天喂，微量元素兔需也。

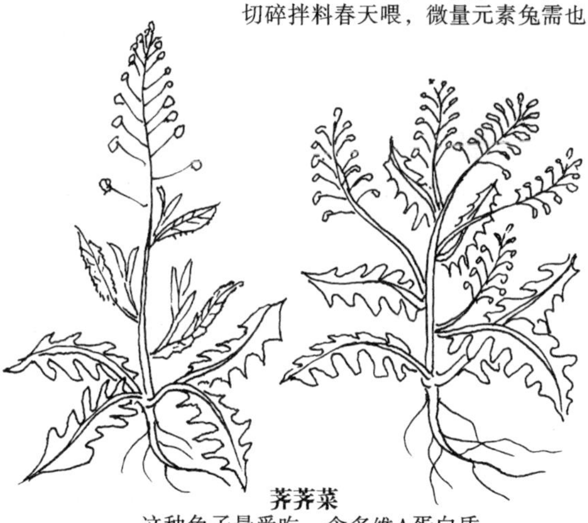

荠荠菜

这种兔子最爱吃，含多维A蛋白质；
喂兔毛光上膘快，补喂仔兔练开食。

3.家兔喜食的具有药用价值的野草

（1）野鸡冠花。又名青葙。

形态：一年生草本，茎直立，全株无毛，有分枝。叶矩圆状披针形至披针形。穗状花序，苞片、小苞片和花被片干膜质，光亮，淡红色，雄蕊花丝下部合生，呈杯状。苞果卵形，盖裂。种子黑色，肾状圆形，光亮。

河南大部分地区均产。有清热利湿之效，种子入药，具有清肝明目和降压之功效，全草家兔喜食。

（2）白头翁。又名委陵菜。

形态：多年生草本，高30~60厘米，茎直立，密生灰白色绵毛。羽状复叶，小叶7~10对，叶上面绿色，有茎生叶和基生叶两种。花顶生，花瓣倒卵圆形，花萼5裂，绿色。瘦果卵圆形。

河南大部分地区有分布，多生长于果园和菜园。适口性好，是家兔的优质青饲料。

（3）朝天委陵菜。又名假芫荽、野芫荽。

形态：一年生或两年生草本，高10~50厘米，茎平铺地面或倾斜伸展，分枝多，疏生柔毛。羽状复叶，茎生叶有小叶7~13对，小叶倒卵圆形或矩圆形，先端圆钝，边缘有缺刻状锯齿，茎生叶与基生叶相似，有时为三出复叶，托叶阔卵形三浅裂。花单生于叶腋，花黄色，副萼片卵圆状披针形。瘦果卵形，黄褐色。

全国各地均有分布，多生长于菜园及潮湿地。适口性好，且有泌乳作用，兔特喜食，是家兔的优质青草。

野鸡冠花

草有清热利湿效，清肝明目降压高。
多采用它把兔喂，省料防病箭双雕。

白头翁

优质兔草白头翁，多在果园菜间生。
春夏秋季天天喂，节省料草兔业兴。

朝天委陵菜

朝天委陵野芫荽，茎叶细嫩有香味。
鸡猪兔子都喜吃，采割洗净别污秽。

（4）泽漆麻。又名罗布麻、茶叶花。

形态：多年生草本，全株含有黏稠的乳汁。根粗壮，茎直立。叶对生，分枝下部的叶有时互生，叶长圆状披针形。聚伞花序，花粉红色。果实为长角状果，成熟时开裂。5~6月开花，7~8月果熟。

河南各地均有分布，多生长于田间、沙荒地、林丛和轻盐碱地等处。家兔特喜欢吃，生长上膘快，母兔泌乳多。全草药用，有降压、凉血、止血和清热之功效。

（5）秃疮花。又名兔子花。

形态：二年生或多年生草本，植株体内含淡黄色汁液。茎2~5条，高约25厘米。疏生短柔毛，上部分枝。基部生叶多数，叶片下面有白粉，轮廓倒披针形，羽状全裂，裂片斜倒梯形。茎生叶无柄，羽状全裂。花1~3朵着生于茎或分枝上部，花瓣4个，黄色。

河南大部分地区均产，多生长于沙荒地。家兔喜食，可治风火牙痛、咽疼等疾病。

（6）满天星。又名老鸭嘴、酢浆草、酸不浆。

形态：多枝草本，茎柔弱，常平卧地面，节上生不定根。三小叶复叶，互生；小叶无柄，倒心形，被柔毛，叶柄细长，花1朵至数朵组成。腋生的伞形花序，总花梗与叶柄等长，花黄色，萼片5片，矩圆形。

全国各地均产，多生长于田间、果园中。家兔喜食，有清热解毒、利尿、消肿止痛之功效。

秃疮花

沙荒地里秃疮花，能治咽痛风火牙。
采回家里喂家兔，草药一剂驱病邪。

泽漆麻

罗布麻即泽漆麻，凉血清热又降压。
乳汁黏稠兔爱吃，母仔上膘把个发。

满天星

满天星草叫酢浆，割回家兔吃着香。
解毒利尿又散淤，常喂能把兔病防。

（7）打碗花。又名狗儿秧、小旋花、田旋花。

形态：一年生或多年生草本，茎蔓生，匍匐或缠绕。叶互生，近椭圆形或戟形，基部心形。茎上部叶三角状或戟形，侧裂片开展，通常二裂。花单生于叶腋，近似漏斗状或喇叭状，粉红色。花梗具有棱角，苞片2个。蒴果卵圆形，光滑。种子黑褐色，卵圆形。

河南各地均产，多生长于田间。是家兔的优质青饲料，特喜食，具有调精活血、滋阴补虚的功效。

（8）猫儿眼。又名泽漆、猫猫眼。

形态：一年生草本，全草含白色乳汁，茎下部呈淡紫色，上部淡绿色。基生叶互生，顶生叶轮生，倒卵形或匙形，全缘。聚伞花序，花黄绿色，3~4月开花。

河南各地均有分布，多生长于田间、路边、河堤及果园、菜园中。其他家畜不食，成年家兔喜食。虽有微毒但家兔不中毒，并使哺乳母兔奶水多，预防母兔乳房炎效果好，还具有清热利尿、杀虫之功效。

（9）天地豆。又名天葵棵、老鸹眼、黑豆棵。

形态：一年生草本，高30~100厘米，叶互生，卵圆形，边缘波状或全缘。花白色，花冠5裂。浆果圆形，蓝色或黑紫色。

全国各地均有分布，多产于田间、路旁、沟边、荒地等。有清热解毒、消肿利尿、止血和滋补的功效。

猫儿眼

春天多把猫眼采，母兔喜吃又下奶。
还能防治乳房炎，有它不用把药买。

打碗花

打碗花能补阴虚，家兔见它最欢喜。
刨根切短拌食喂，家兔像是吃大米。

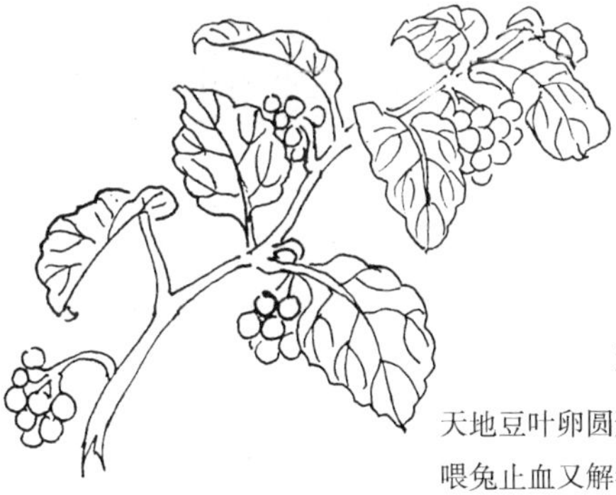

天地豆

天地豆叶卵圆形，浆果黑紫有药用。
喂兔止血又解毒，产有滋补显功能。

（10）米口袋。又名米布袋、大米口袋。

形态：多年生草本，根圆锥形，茎缩短，在根茎处丛生。托叶三角形，小叶11~21片，椭圆形、长椭圆形或卵形。伞形花序，4~6朵花，萼、花梗均有长柔毛，花冠紫色，旗瓣卵形。种子肾形，具凹点，有光泽。

全国各地均常见。多生长于路边、村旁和荒地。家兔喜食，适口性好，有清热解毒之功效。

（11）鹅不食。又名小无心菜，蚤缀。

形态：一年生或二年生草本，高10~30厘米，根有细长主根和细侧根。茎多数簇生，稍铺散，密生白色短柔毛。聚伞状花序疏生枝端，小苞片叶质，卵形。花梗细，密生柔毛或腺毛，花瓣5个，白色，倒卵形。种子淡褐色，肾形。

各地均有分布，多生长于麦田、果园及荒地。家兔喜食，适口性好，并有清热解毒之功效。

（12）蒲公英。又名婆婆丁、黄花苗。

形态：多年生草本，有一肥厚的直根。叶丛生于地面，全缘，齿缺或羽状分裂。头状花序，单生于无叶的花茎上，黄色。果实上有白色降落伞状长冠毛。

全国大部分地区均有分布，多生长于路边、山坡、田间、树林间，秋末冬初多见于麦田。家兔特别喜食，适口性好，具有清热解毒之特效。鲜喂或晒干混于饲料中可预防兔病毒性疾病的发生。

米口袋

中药地丁米口袋，荒地路边均可采。
根似圆锥茎缩短，清热解毒兔喜爱。

鹅不食

果园荒地鹅不食，清热解毒兔爱吃。
小无心菜也是它，草虽细小有价值。

蒲公英

清热解毒蒲公英，多生路边果林中。
秋末冬初在麦田，喂兔不把疾病生。

（13）掐不齐。又名鸡眼草。

形态：一年生草本，茎平卧，长5~30厘米。叶互生，3小叶；托叶长卵形，宿存，小叶倒卵形、倒卵矩圆形或矩圆形，主脉和叶缘疏生白色毛。花1~8朵，腋生，小苞片4个，花冠淡红色。

全国各地均有分布，多生长于田边及果林间。兔特喜食，适口性好，且有利尿通淋、解热止痢之功效。

（14）野豌豆。又名大巢菜、野绿豆、野菜豆。

形态：一年生或二年生草本，高25~50厘米。羽状复叶，有卷须，小叶8~16片，长椭圆形或倒卵形，凹入，有细尖，基部楔形，托叶戟形。花1~2朵生于叶腋，花梗有黄色疏短毛，花冠紫色或红色。荚果条形，扁平，种子棕色，圆球形。

全国各地均有分布，多生长在路边、林间和麦田中。家兔特喜欢吃，营养丰富，适口性强，且有活血平胃、利五脏、明耳目之功效。

（15）画眉草。又名星星草。

形态：一年生草本，分大画眉、小画眉两种，鲜嫩时有特殊的腥臭味儿。大画眉高20~90厘米；小画眉高20~60厘米，叶片长10~20厘米，扁平或内卷。大画眉节下有一圈腺体，圆锥花序，小枝、小穗柄也有腺体，小穗熟后铅绿色、淡绿色或乳白色。小画眉叶片正面光滑背面粗糙。圆锥花序较开展，基部分枝近于轮生，小穗成熟后暗绿色或紫色。

全国各地均产，多生长于田间、荒地、山坡、路旁、林间等。家兔喜食，具有清热解毒、疏风解表的功效。

掐不齐

鸡眼草叫掐不齐，利尿清热又止痢。
牢记用它喂兔好，常喂兔子无肠疾。

野豌豆

活血平胃野豌豆，利兔五脏功它有。
路边麦田春天多，兔子吃它最适口。

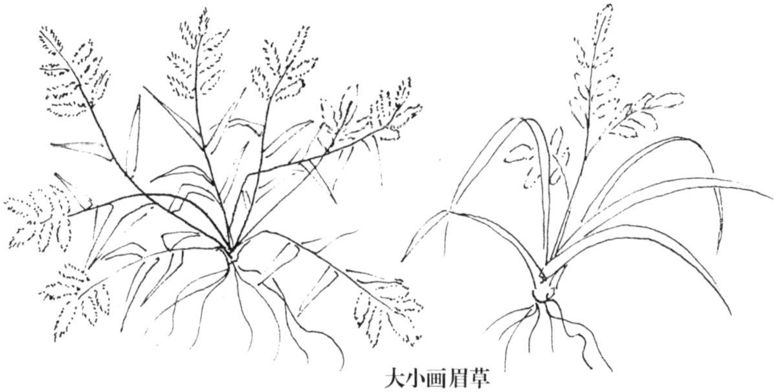

大小画眉草

大小画眉星星草，清热解毒疏风表。
鲜草兔子喜欢吃，晒干粉碎效果好。

（16）旋覆花。又名金蒙花。

形态：多年生草本，高30~70厘米，被长伏毛，叶狭椭圆形，无叶柄，边缘有小尖头的疏齿或全缘，下部有疏伏毛和腺点。头状花序，多或少数排成疏散伞房状，梗细，条状披针形舌状，花黄色。

河南各地均有分布，多在沟渠两边和荒地生长。花前兔喜食，秋季不宜采食。根有平喘镇咳、健胃祛痰之功效。花后期采集粉碎，拌料效果好。

（17）扫帚苗。又名地肤。

形态：一年生草本，高100~150厘米，分枝繁茂，呈扫帚状，具细条纹，绿色或淡红色，秋季常变为红色，被短毛，下部光滑。叶互生，线状披针形，扁平，基部渐狭成柄状，先端渐尖，全缘。秋季开花，丛生于叶腋，排列成穗状花序，花被5裂，内曲。花后发育成为翅，排列成星状而包被状果实，胞果扁球形。

全国各地均有分布，多生长于空院、荒宅中，堤旁路边生长良好。家兔喜食，有利尿通淋、收敛消肿之功效。

（18）独行菜。又名辣辣根、辣根菜。

形态：一年生或二年生草本，高30~50厘米。茎直立，分枝，有乳头状短毛。基生叶狭匙形，有疏齿或全缘。总状花序顶生，结果时伸长，疏松，花极小，萼片早落，花瓣丝状。短角果近椭圆形或圆形，扁平。种子棕色，椭圆形。

河南各地均产，多生长于路边、沟旁或果园、菜园。家兔喜食，种子可榨油，有利尿、止咳化痰之功效。

旋覆花

平喘镇咳旋覆花，健胃祛痰驱病邪。
花前兔子喜欢吃，花后厌食就别拔。

扫帚苗

消肿收敛扫帚苗，枝叶繁茂生长高。
幼苗喂兔无病疾，因能通淋且利尿。

独行菜

麦田菜园独行菜，春天家兔最青睐。
营养丰富味道美，开食用它喂兔崽。

（19）节节草。

形态：多年生草本，根、茎黑褐色，横走，茎基部多分枝，灰绿色。茎中空且表面粗糙，有明显的纵沟和节。无明显叶片，有明显的叶鞘，膜质，棕褐色。孢子囊穗顶生，长椭圆形，黄褐色。

河南大部分地区均产，多在河岸旁、沙荒地及果园、林间生长。家兔喜食，有清热利尿和治疗咳嗽之功效。

（20）地梢瓜。又名牛皮消、梢瓜、地梢花。

形态：多年生草本，茎多分枝，有白色汁液。叶条形，对生，深绿色。伞形聚伞花序，腋生，花较小，黄白色。果实如梭，两头尖。种子扁平，暗褐色。

河南部分县、市有分布，多见于路旁、沟边、沙荒地和果园中。家兔喜食，口味微甜，具有清热降火、生津止渴和消炎止痛之功效。

（21）车前草。又名猪耳朵棵、牛舌头棵、车前子。

形态：分平车前和大车前两种。一年生或多年生草本，高5~20厘米。有圆柱状直根或须根，根基部短粗。叶生基部直立或平铺，椭圆形或卵状披针形，边缘有小齿或不整齐钝齿。有花葶数条从叶丛中抽出，直立。穗状花序，花密生，苞片卵形，顶端花密生，下部花较疏，花绿白色，夏秋间开放，花冠裂片椭圆形或卵形。蒴果圆锥形。种子10粒左右，矩圆形，黑棕色。

我国大部分地区均有分布，多在沟边、低洼潮湿处生长。兔喜食，具有清热祛湿、清热解毒、利尿之功效。

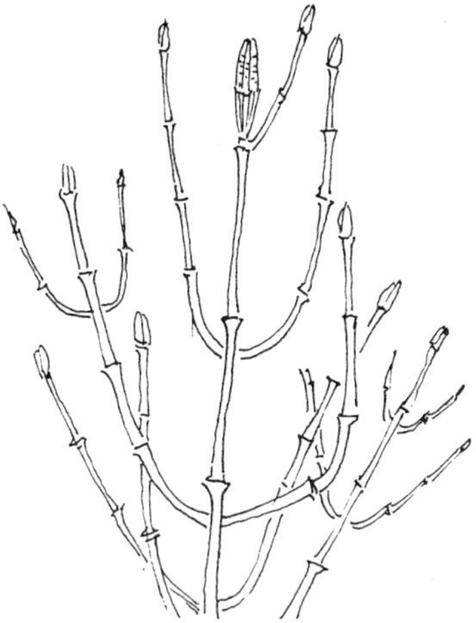

节节草

解热利尿节节草，平喘化痰治咳嗽。
根茎家兔都爱吃，春夏秋田皆可找。

地梢瓜

叶子墨绿白汁多，清热降火又止渴。
果实如梭两头尖，兔子吃它心里乐。

车前草

牛舌头棵车前草，河旁路沟洼地找。
叶面肥厚兔爱吃，利尿清热退发烧。

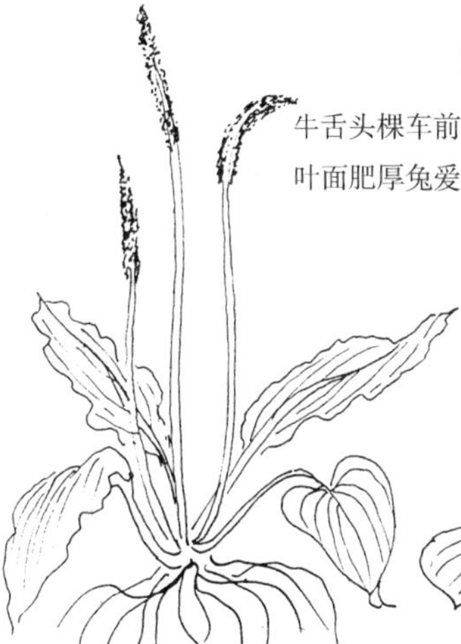

（22）涩拉秧。又名葎草、大涩拉秧。

形态：多年蔓生草本，茎多分枝长达数米、密集，绿色，有倒细刺和密生的短细毛。叶对生，近卵形，3~7裂或全缘。花单性，雌雄异株，雌花序穗状，具大型苞片；雄花序圆锥状。瘦果，黄褐色。

我国大部分地区均有分布，多见于路沟旁和山坡、荒地。家兔喜食，其他家畜均不喜食。对家兔球虫病有很好的预防作用，还具有清热解毒、利尿止泻、健胃、止血、活血之功效。

（23）马齿苋。又名马齿菜、马屎菜。

形态：一年生肉质草本，茎平卧或渐升，圆柱形，浅绿色或带浅紫色，水分大。叶肉质，扁平，倒卵形。花单生或3~5束生于顶端，萼片2个，花瓣5个，黄色，雄蕊12个，雌蕊有5个花柱。蒴果从中间横裂，种子多个，黑色。

河南大部分地区均有分布，多生长于菜园、田间，肥沃轻沙地。兔喜采食，具有止痢作用。

（24）野燕麦。又名燕麦草。

形态：一年生草本，株高50~150厘米。圆锥花序开展；小穗有2~3个小花，柄多弯曲下垂，颖几乎等长，9脉，外稃质地硬，下半部与小穗轴均有淡棕色或白色硬毛，毛自外稃中部稍下处伸出。

全国各地麦田及荒地均有生长。味略甜，家兔喜食，适口性好。

马齿苋

农田菜园马齿苋，切短捣烂把料拌。
能防痢疾拉稀病，常喂家兔体格健。

涩拉秧

学名葎草涩拉秧，多生山坡路沟旁。
能防肠炎球虫病，割时别让藤拉伤。

野燕麦

野燕麦与麦混生，麦田锄草别乱扔。
拣回家里喂家兔，它是一种优质青。

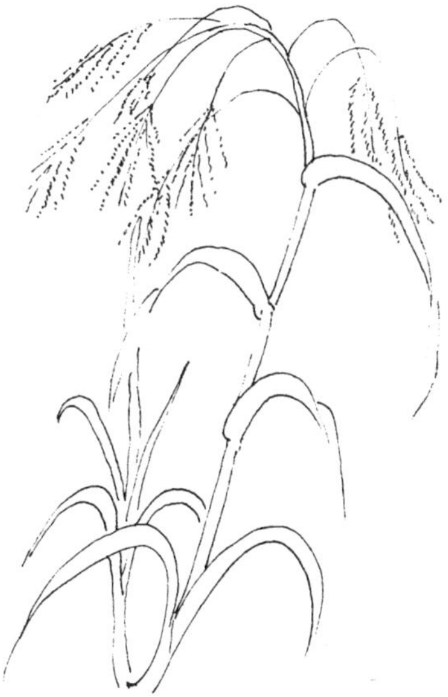

（25）兰花蒿。又名赖毛子、鹤虱、黏珠子、刺种。

形态：一年生草本。茎高20~40厘米，有细糙毛，多分枝。叶倒披针形或条形，有近紧贴的细糙毛。花序顶生，苞片披针状条形，花有短梗，花萼5片深裂，花冠淡蓝色。果实坚硬，球形，有小疣状突起，沿棱有2~3行锚状刺。

河南各地均有分布，多生长于田埂、田间、路边、沟旁或荒地，极耐旱。幼苗家兔喜食，种子可榨油，为驱虫药，可驱除家兔体内蛔、绦、蛲虫。

（26）米瓦罐。又名面条菜、麦瓶草。

形态：一年生草本，高25~60厘米，全株有腺毛。主根细长，有细支根，茎直立单生，叉状分枝。基生叶匙形，茎生叶矩圆形或披针形，有腺毛。聚伞花序，顶生，开花时呈筒状，果期下部膨大呈卵形，约有30条显著的脉，花瓣5个，倒卵形，粉红色，喉部有2鳞片，雄蕊10个，花柱3个。蒴果卵形，有光泽，有宿存萼，中部以上变细。种子多数，螺卷状，有成行的瘤状突起。

全国各地均有分布，多生长于麦田及荒地。家兔喜食，营养丰富。

（27）黄花蒿。又名臭蒿、黄蒿。

形态：一年生草本，枝叶有臭味。基生叶平铺地面，茎生叶互生，三回羽状全裂，裂片线形。头状花序多数，球形，下垂，黄色小花。

全国各地均有分布，多生长于田间、荒地及沟边、路旁。家兔喜食其幼苗，有清热解表、预防治疗感冒之功效。

兰花蒿

籽可榨油兰花蒿，果实是种驱虫药。
用它喂兔好处多，体内没有蛔绦蛲。

米瓦罐

米瓦罐称面条菜，优质青草兔喜爱。
春天多在麦田找，喂大兔子把钱卖。

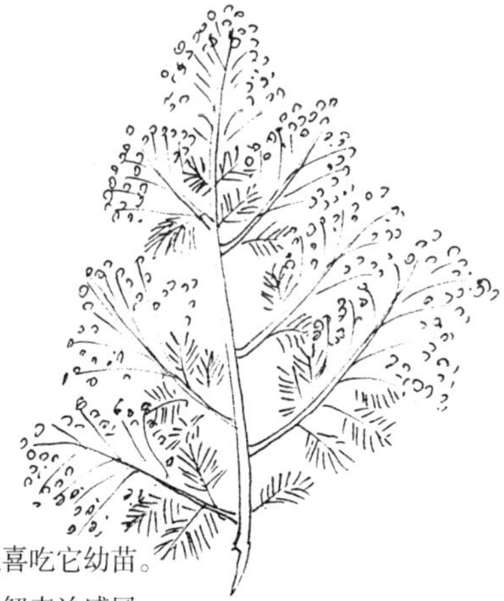

黄花蒿

铁杆香蒿臭黄蒿，家兔喜吃它幼苗。
蒿类大都有药性，清热解表治感冒。

4.家兔喜吃并可晒干的野草

（1）芦草。又名草芦。

形态：多年生草本。有根茎，须根稀疏。秆直立，通常单生，或少数丛生，高60～120厘米。叶片扁平，长10～30厘米，幼嫩时有粗糙感，灰绿色。圆锥花序，密生小穗，小穗无毛或有微毛，6～10月开花结实。

全国各地均有分布，多生长于沟渠和潮湿处，江淮流域、黄河滩区最多。草食家畜均喜食，草质佳，可青饲又可晒干。

（2）牛筋草。又名老牛拽、蟋蟀草。

形态：一年生草本。须根比较细密。秆丛生直立或基部弯曲，高15～90厘米。叶片扁平或卷折，长约15厘米。穗状花序2至数个，长3～10厘米，呈指状排列于秆的顶端；小穗含3～6朵小花，6～10月开花结实。

河南各地均产，多生长于路旁、田间或荒地。因含水分少，家兔喜食，可鲜喂，也可晒制干草。

（3）马唐。又名抓地秧、秧子草。

形态：一年生草本。秆较细，下部疏散常弯曲。叶片扁平，披针形，粗糙，长1.5～3厘米。总状花序，通常2～4枝集于顶端，长2～9厘米，小穗灰绿色或带紫色，稍被柔毛，排列在穗轴的一边，7～10月开花结实。

全国各地均有分布，多生长于田间、河边及荒地湿润的地方。家兔喜食，既可青喂，也可晒干粉碎制成混合料。

芦 草

芦草嫩时味质佳，养兔别忘多割它。
沟边洼地生长多，黄河滩里用车拉。

牛筋草

老牛筋即老牛拽，家兔对它有偏爱。
含水分少适口强，也可青喂也可晒。

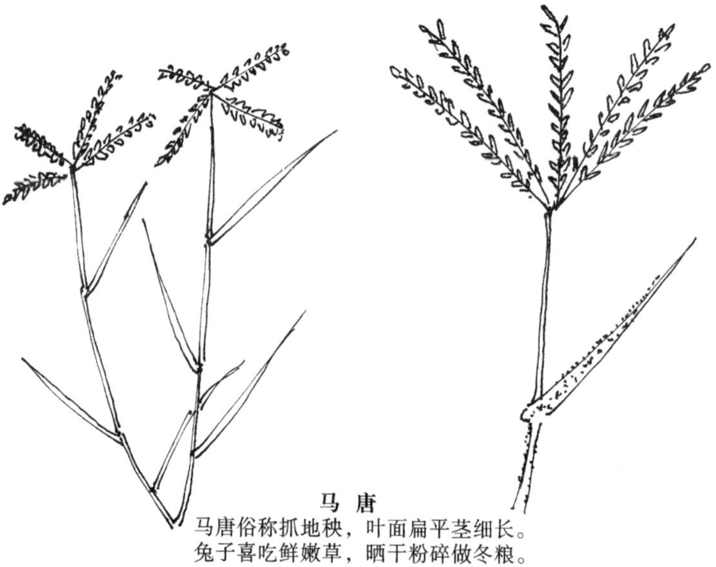

马 唐

马唐俗称抓地秧，叶面扁平茎细长。
兔子喜吃鲜嫩草，晒干粉碎做冬粮。

5.对家兔有毒的野草

（1）苍耳。又名抢子棵。

形态：一年生草本，高约90厘米。叶三角状卵形或心形，叶柄长3～11厘米。雄头状花序，球形，密生柔毛；雌头状花序，椭圆形，内层总苞片结成囊状；花序生于叶腋或茎顶，雌花序通常含2花，总苞生刺。瘦果两端尖，身长满短刺，常沾带人衣及动物被毛。

全国各地均有生长。多分布在山坡、沟边、路旁和荒地。含毒素，特别是豆芽状的嫩芽，毒性更强，人和家兔误食常死亡。

（2）曼陀罗。又名醉心花、老鼠怕、狗核桃、胡茄。

形态：一年生直立草本，高1～1.5米。叶宽卵形，长8～12厘米，宽4～12厘米，顶端渐尖，基部为不对称的楔形，缘有不规则波状浅裂，裂片呈三角形，有时有疏齿，脉上有疏短柔毛。花常单生于枝分叉处或叶腋，直立，花萼筒状，有5棱角，花冠漏斗或喇叭状，下部淡绿色，上部白色或浅紫色；雄蕊5个；子房卵形。蒴果直立，卵状，表面生有坚硬的针刺，成熟后4瓣裂开。

河南各地均有分布，多生长于路边沟旁或荒地、果园。含有颠茄素，有麻醉性，特别是花粉麻醉性更强。误食常致家兔或牛羊麻醉死亡。

苍 耳

苍耳果似羊屎蛋，浑身带刺把衣粘。
幼苗出土像豆芽，误食中毒命危险。

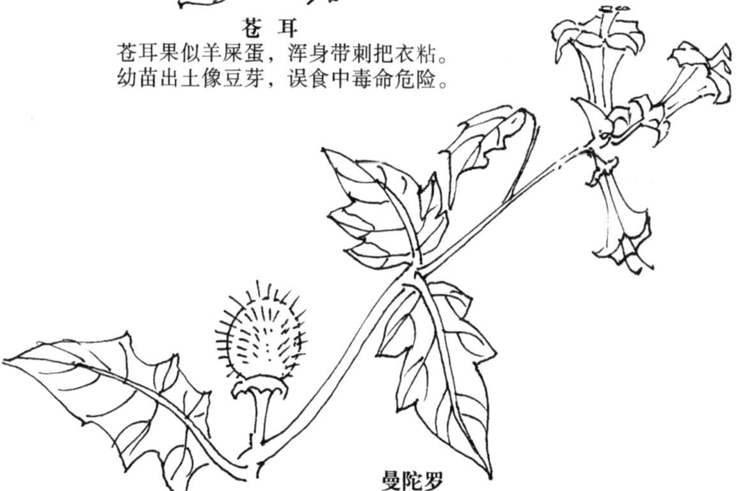

曼陀罗

臭味难闻曼陀罗，叶花好似麻醉药。
小心别让兔误食，中毒只死救不活。

6.家兔喜食可人工栽培的牧草

（1）苜蓿。分紫花苜蓿、天蓝苜蓿、小苜蓿。

形态：多年生草本。主根发达，茎秆丛生在一起，光滑有棱，高20～100厘米。叶由3片小叶组成。花淡紫色。荚果螺旋形，种很小，肾形，绿色。

天蓝苜蓿和小苜蓿各地均有零星分布，紫花苜蓿多为人工栽培。鲜草亩产量高达4 000～6 000千克，年可刈割4～5茬，以4月产量最高。栽培时要施足底肥，精耕细耙，每亩用种1千克，行距25厘米，8月下旬至9月中旬播种最好，出苗后注意中耕除草，刈割后注意施肥浇水。适口性好，营养丰富，蛋白质含量高，家兔喜食，刚开始喂时不要太多，可鲜喂也可晒干粉碎。

（2）沙打旺。又名直立黄芪、薄地犟。

形态：多年生草本。茎直立，有棱，高30～100厘米。单数羽状复叶，长5～10厘米，小叶7～23个，绿色。花序生于叶腋和茎的顶端，花很密，长约1厘米，紫红色，6～8月开花，9月成熟。

河南为主要产区，多生于黄河故道、堤岸及坡状沙丘地带。人工栽培时，播种前应除草整地、施肥。每亩用种量0.5千克，条播25～30厘米，穴播行株距为1米×0.7米。沙打旺喜欢在沙地和排水良好的土地生长，厌积水高湿。年可刈割2茬。割时注意留茬5～10厘米。粗蛋白质含量高，氨基酸组成齐全，是牛、羊、兔的优质青草，可鲜饲也可晒干粉碎。

（3）冬牧—70黑麦。

形态：一年生禾本科牧草，形似大麦，叶阔而长，茎高100～175厘米，抗倒伏，须根发达，分蘖多，再生能力强，耐严寒。

蛋白质含量高，适口性强，年可刈割3～4茬，年产4 000～6 000千克，主要用于解决冬季和早春青饲料缺乏，是牛、羊、兔的优质

冬牧—70黑麦

养兔就怕冬缺青，秋种黑麦防备冬。
不误来年种瓜棉，严冬早春郁葱葱。

沙打旺

沙打旺含高蛋白，喂兔应当多选择。
采割野生兼栽培，有利发展养兔业。

苜 蓿

苜蓿堪称牧草王，含高蛋白适口强。
栽培春夏秋鲜喂，晒干粉碎冬节粮。

牧草。每亩用种量5～7千克，宜在9月中、下旬播种，年前即可刈割。栽培要点同小麦。

（4）苦荬菜。又名苦麻菜、鹅菜、山莴苣。

经驯化选育成栽培的牧草。它适口性好，营养丰富，适应性强，产量高，是优质牧草。日长3厘米以上，株高1.5～3米，30～40厘米时即可刈割，每隔20～25天可刈割1茬，亩产量10 000千克。

栽培技术：施足底肥，足墒播种。因幼苗顶土力弱，需浅播。3月中旬下种最好，直播行距20～25厘米，每亩用种量0.5～0.75千克，覆土2～3厘米。苦荬菜有密植争长的习性，稀处应当补苗。育苗每亩用种量150～200克，5～6片真叶时移栽大田。幼苗注意中耕锄草，刈割后及时施肥浇水。

（5）聚合草。又名俄罗斯菜、紫草根等。

原产俄罗斯的北高加索。生长茂盛，株大叶密，生长迅速，再生能力强，株高50厘米即可刈割，每亩年产鲜草5 000～10 000千克，年可刈割4～5茬，是高蛋白多汁饲料，鲜喂最好，可打浆与其他饲料混饲。

栽培技术：分株繁殖。将生长粗壮的植株连根拔起，切去茎叶，留茬5～6厘米，将根纵向切开，每分株上留1～2个芽，下部有较长的根，切后植入大田。分芽繁殖，将母株挖出，切掉支根，留带芽的根茎，按芽点垂直纵切，每块留1～2个芽定植于大田。切根繁殖，切断根部能从顶端中柱层产生新芽，凡直径0.3厘米以上的根均可切成2～6瓣埋于湿土生芽。注意中耕除草，视苗情及时追施氮肥或人粪尿，适量浇水。

苦荬菜

苦荬菜原为野生，驯化栽培耐暑冬。
喜高水肥生长快，切碎拌料兔膘增。

聚合草

俄罗斯菜聚合草，同是一物种有巧。
分株切根搞繁殖，精心管理产量高。

鲁梅克斯K-1

鲁梅克斯 K － 1，身价百倍无可比。
一种收益二十年，推广喂兔有潜力。

（6）鲁梅克斯K–1杂交。

该牧草是一种对环境要求不高的越冬作物，适应性强，好种易养，生长迅速，日生长7～9厘米，每年可刈割4～5次，每公顷产草150～225吨，蛋白质含量超过大豆3～4倍，含18种氨基酸和多种维生素，是近两年推广开发的优质牧草，种植1次可收获15年以上，是各种家禽、家畜的优质牧草。味道鲜美，营养丰富，人也可食。

栽培技术：整地施肥，精耕细作，每年4～10月均可播种。每亩用种150克，育苗移栽。适时中耕除草浇水。

（7）菊苣。

形态：菊科多年生草本性蜜源植物，原产于欧洲和美洲。国外广泛用作饲料，蔬菜和制糖原料，味甜，既耐寒又耐热。20世纪80年代引入我国，其品质优良，适应性强，营养丰富，适口性好。折断后有白色乳汁溢出，兔特喜食，大量采食无腹泻现象发生，是进行绿色无公害家兔饲养的优质牧草。菊苣对土壤要求不严，一次播种可连收10年左右，抽薹开花期150~200厘米，为莲座叶丛型，叶片长条形，羽状分裂至不裂，叶片柔嫩，叶长10~40厘米，宽5~8厘米。30天可刈割一茬，亩产鲜草10 000~15 000千克。

栽培技术：施足底肥，耙平土壤，足墒播种。以3~10月播种为好。育苗移栽亩用种量100克，条播、撒播亩用种量400克，行距30~40厘米，株距10~15厘米。每次刈割后，应及时施肥、浇水，即可获得高产。

（8）串叶松草。

形态：属菊科多年生草本植物。20世纪70年代从朝鲜引入我国进行推广。茎叶柔嫩，适口性好，消化率高，家兔喜食，是发展养兔业的优质牧草。茎直立，株高可达2~3米。根系发达，具地下根茎，能不断向四周蔓延，形成庞大的株丛。叶片长椭圆形，叶面有皱褶，叶缘有细齿，叶长38厘米，宽30厘米。头状花序，顶生，花黄色。耐寒且耐高温，每年可刈割3~5次，亩产鲜草15 000千克。

栽培技术：适合高水肥地块种植，施足底肥，深耕细耙。春、秋均可播种。因植株高大，宜条播，行距50~60厘米，株距15~20厘米。出苗后及时定苗，中耕除草，亩留苗1 500~2 000株，刈割后及时追肥浇水。

（9）三叶草。

形态：为豆科三叶属多年生草本植物，是豆科牧草中分布最广的一类。我国种植的主要有白三叶和红三叶。主要做家畜牧草和环境绿化草坪地被植物。营养丰富，适口性好，干物质粗蛋白含量在32.4%以上，是家兔的优质牧草。主茎短，基部分枝多，并能不断长出新茎向四周匍匐蔓延。三叶复出，叶柄细长，小叶倒卵形或心脏形。头状总状花序，花白色或红色。耐旱、耐热、耐寒、耐霜能力强，种子可随落随生。每年可刈割3~4次且宜于放牧。亩产鲜草1 000千克。

栽培技术：三叶草种子细小，整地务必精细，施足底肥，清除杂草。以3~9月播种为好，条播、撒播均可。南方9月底以前播种为宜。三叶草宜与禾本科牧草如黑麦草、猫尾草、鸭茅、羊茅等混播，或用于兔场地被覆盖环境绿化。

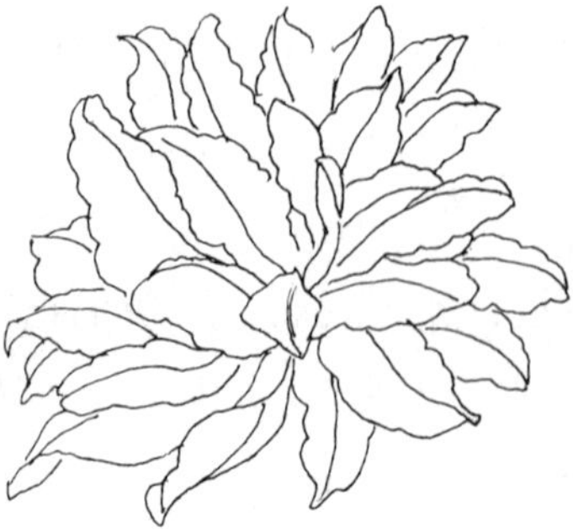

菊 苣

招蜂引蝶数菊苣，亩产鲜草万吨余。
折断溢汁白似乳，兔子爱吃甜如蜜。

串叶松草

植株高大串叶松，家兔对它有独钟。
适口性好易消化，多喂能把兔膘增。

白三叶

红三叶

三叶草

红白三叶属豆科，宜与禾本草混播。
装点环境美如画，养地喂兔收入多。

（五）走生态循环养兔之路，保证经济效益

回顾我国兔业发展的历程，可谓是坎坷不平，历尽艰辛，历经几次市场价格的大起大落，使养兔从业者无所适从，只有杀兔卖笼，坚持者多负债经营。

根据笔者多年从事养兔技术理论研究的体会，因地制宜，因人制宜，发展高效生态循环养兔，是一个非常好的途径，是养兔从业者保证经济效益，立于不败之地的根本措施。进行高效生态循环养兔有多种模式，养兔者可根据自身条件进行差异性发展，灵活运用。

1.林下养兔，兔粪喂猪，树养金蝉的模式

在当前土地管理比较严格，养殖用地紧张的情况下，进行林下立体养殖，即利用有限的土地空间，栽植杨、柳、榆树及杏树、大樱桃、梨树等，在树下建造兔笼养兔，东西行向，每两行树中间建兔笼两排，树行距8米，兔笼两排占地共4米，其中两排兔笼占地1.5米，兔笼中间人行道1.5米，笼外排粪沟各占0.5米。如果用一亩地的面积建500个标准化兔笼，供100只母兔繁殖生产，按每年产仔兔3 500只，出栏2 500只商品兔，每只获利10元，那么年获利25 000元。同时枝茂叶繁的树木遮阴有效地改变了兔场环境，降低了兔舍温度，减少了家兔中暑的发生。

另外建一个60平方米的发酵床猪圈，每批养40头猪，150~160天，100千克重出栏，养100千克重的猪一般需要饲料350千克。利用发酵兔粪喂猪，可节约饲料30%，实际用料245千克，每年可养猪两批80头，一般情况下养一头猪除去各种成本可获利350元，80头猪可获利28 000元。

养兔获利25 000元+养猪获利28 000元=53 000元，两项共53 000元。

树下养金蝉，每行树离兔笼排粪沟2米，树株距2.5米，一般一

亩地可栽植树30棵，在树周围一米处开浅沟种植金蝉，一般一棵树一个夏季可收金蝉200~300个，30棵树可收金蝉6 000~9 000个，甚至更多。由于人民生活水平的提高，金蝉的价格在逐年上涨，已达0.8~1元一个。按每个8角计算，养金蝉收入可达4 800~7 200元，养兔25 000元+金蝉4 800元=29 800元或者33 200元，而且养金蝉，除了自家采集卵枝繁殖，几乎不需要任何投资。

当前已有专门从事金蝉幼虫繁殖供种的从业者，极大地方便了金蝉养殖。

兔粪喂猪

树养金蝉　　生态循环养兔

2.用兔粪产沼气种蔬菜生产模式

党和国家为农业发展描绘了宏伟的蓝图，解决三农问题是全党工作的重中之重。按照产业兴旺、生态宜居、治理有效、乡村文明、人民健康、生活富裕的总要求，加快实现农业农村现代化，倡导乡村旅游、观光旅游、生态健康旅游，产业结构调整，转型升级，无疑为兔业发展提供了新的机遇。

养兔必然要产生大量的兔粪尿，兔场越大产生的粪尿就越多，环境保护压力也就越大，养兔场建沼气池对兔粪尿进行无害化处理，用兔粪和沼气液种植各种无公害有机蔬菜，必定受到市场及消费者的欢迎，不但解决了环境污染问题，种无公害有机蔬菜，开办采摘园、农家乐、乡村饭店，必定带来乡村旅游兴旺、消费兴旺，促进兔产业发展兴旰。

用兔粪、沼气液种植绿色无公害有机蔬菜，技术简单，便于掌握，只要在种菜时用发酵好的兔粪作底肥，不施化肥，深耕细耙起垄，扯上地灌带便于浇水即可，在浇菜时将沼气液顺垄施入水中就可以了。将沼气液澄清过滤，对蔬菜进行叶面喷洒，不但使蔬菜叶面浓绿，促进生长，而且可以有效地预防各种病虫害，整个生育期可以不用农药，特别是韭菜、大葱，用沼气液灌根，避免了用钾拌磷、锌硫磷农药灌根防治地蛆等地下害虫造成的药物残留。

实践证明，用兔粪种植西瓜个大，瓤沙皮薄，甜到皮；种植花生果多，粒饱产量高。用兔粪沼液种植的各种蔬菜成熟的时候，都会吸引城镇居民及消费者驾车到菜园自行采摘，而价格高于农贸市场和超市30%~50%。主要是绿色、有机、无公害对身体健康有好处。用兔粪、沼气液种植有机无公害蔬菜，不但为社会提供优质健康的食品，又增加了自己的收入，同时又减少了环境的污染，可谓是利国利民利己。

在河南开封陈留镇有一家专门用笔者兔场兔粪种植特种蔬菜的种植基地，无论什么蔬菜一种上就被北京、上海、天津、广州等大城市的大超市订购一空。成熟时便装箱打包运往各地而且价高，很受欢迎。

兔粪沼液种蔬菜，绿色有机无公害。
紫色茄子红辣椒，一茬一茬往下拽。
豆角粗直压塌架，人争自摘往家带。
番茄瓤沙味道甜，人人见了人人爱。
黄瓜清脆又爽口，既当水果又当菜。
白菜甘蓝心包实，沼液防虫上灶台。
西瓜瓤沙甜到皮，吃上一口喜心怀。
花生果多粒粒饱，麻屋里藏两三孩。
萝卜多含维生素，冬夏常吃人健在。

豆角

茄子

番茄

黄瓜

辣椒

胡萝卜

西瓜

花生

3.养兔+农家乐模式

当前社会上倡导乡村旅游、生态旅游、观光旅游，在养兔场一定距离建一家农家乐兔肉餐馆或农家饭店，无疑是为城镇居民周末或节假日休闲娱乐提供了一个好去处。养兔从业者要解放思想，更新观念，进行转型升级，大胆创新，在院里，摆上一排兔笼，放一些供游人点杀食用的肉兔，再放几只毛茸茸的幼兔或宠物兔供人们尤其是儿童拍照、观赏、选购。饭店根据顾客的不同口味、生活习惯，现场宰杀烹饪不同口味的兔肉佳肴，再端上一盘金灿灿的油炸金蝉和游客自行采摘的黄瓜、豆角，游客在休闲娱乐中品尝了兔肉美味，观赏了兔苑，体验了农村生活，陶醉在乡村美景之中，流连忘返，如带回一包真空包装的兔肉佳肴回去馈赠亲朋好友，以后也前往体验，岂不是生意越做越大，越来越好，养兔想不赚钱就难。在古城开封市场上活兔价格10元一斤，乡村饭店是20元一斤或25元一斤烹饪端上餐桌的。假如每天（特别是夏天）被消费30~50只活兔，那么一个月就会有千只左右的兔子卖出去。

如果是夏天林下养兔养金蝉模式的兔场，六七月份城镇居民在傍晚一家老少会开车到兔场农家饭店品尝兔肉美食，而林下捕捉金蝉，既给儿童及游人增加了乐趣，又增加了兔场收入，何乐而不为呢?

金瑞丰专营店

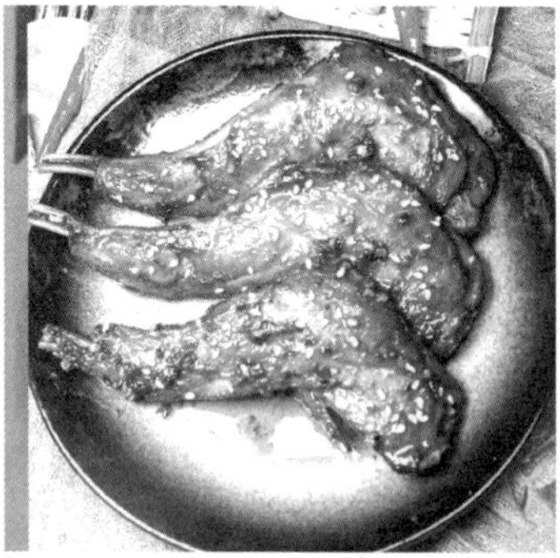

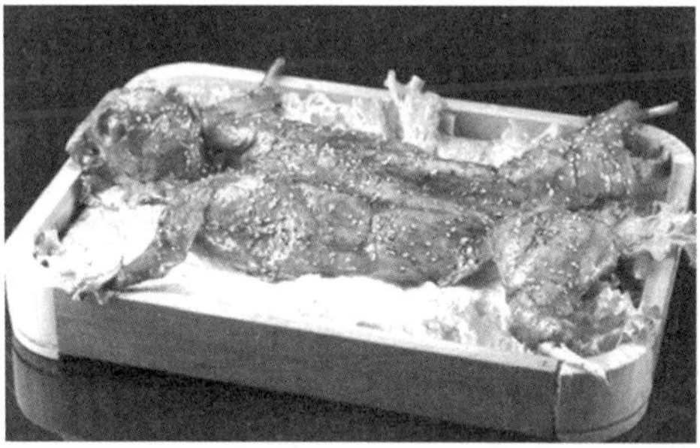

农家饭店
承包宴席
13839965085

大众兔肉
系列产品
常吃兔肉延年益寿
郑州大众养殖开发有限公司

风干五香 兔肉

十一、兔病防治关键技术

（一）搞好兔场综合防疫，加强饲养管理

要搞好兔场综合防疫，必须遵守以下几条：

（1）严格执行《家畜家禽防疫条例》，改善兔场环境，加强兔场管理。

（2）养兔场不要靠近铁路、交通要道、农药厂、化工厂、屠宰加工厂及人口密集、声音嘈杂的地方，给家兔一个安静、卫生的环境。

（3）兔舍要保证通风、透光、冬暖夏凉、温度适宜，门窗要钉纱网，防止蚊、蝇、老鼠和其他兽类进入兔舍。

（4）兔舍要建在高燥处，防止积水；兔粪池要建在兔舍下风处或远离兔舍的地方，兔粪污物要经高温发酵后再作肥料用。

（5）饲养人员要保持个人卫生，进入兔舍要更衣换鞋，严格消毒，及时清扫兔粪，食槽、水槽要勤刷洗消毒。清粪工具不要与喂料工具混用。兔舍笼具应定期消毒。

（6）谢绝不必要的参观，禁止外来人员进入兔舍，更不许外来人员抓摸兔子。对于必要的记者采访、摄像、拍照，领导视察，须经消毒室紫外线严格消毒并穿上备用工作服后方能进行。

（7）严格控制饲料来源，防止农药中毒和饲料霉变中毒，杜绝老鼠污染饲料。

（8）杜绝病源，不到疫区购买种兔，不购买病死畜禽喂兔，不在兔舍解剖宰杀家兔，病死的家兔要焚烧、深埋。

（9）饲养人员外出回场必须先进消毒室消毒，更换衣物后方可进场工作。

（10）扑灭疫情，一旦发生传染病，要马上隔离病兔，宰杀淘汰，并对全群家兔进行紧急接种疫苗预防，要按早、快、严的原则及时扑灭。已调出去的种兔严禁再送回兔舍，种兔场禁止对外配种。

综合防治防为主，兔场别剖病死兔。
记者采访领导来，也要严格搞消毒。

防疫条例记心怀，传染病死兔深埋。
接种疫苗严消毒，不到疫区把种买。

（二）家兔发生传染病的扑灭方法

家兔发生传染病时，要严格封锁，就地扑灭，制止扩散，紧急接种，减少损失。

具体要求是：

（1）家兔发生疫情时，要尽快将发病时间、发病地点、发病症状、发病数量、死亡数量及有关情况向有关部门领导和技术人员报告，并立即对兔场进行封锁，严禁人员、车辆出入，禁止引进种兔和对外出售病死兔，通知周围群众和养兔户做好防疫工作。

（2）尽快隔离病兔，将病兔和看似健康而可疑的兔转移到隔离区或观察治疗室，并由专人负责管理，严禁其他人员入内。隔离区和健康区人员禁止互串，车辆、工具、饲料要严格分开。

（3）对于病兔或可疑的兔及时治疗，加强护理。

（4）对于死亡的病兔严禁饲养人员在场内解剖，应交专业技术人员和兽医处理，严格消毒、焚烧或深埋，不能乱扔或转移食用。

（5）对尚未发病的兔群要紧急接种疫苗或投服药物预防。

（6）彻底消毒。食槽、水槽要煮沸消毒，兔舍、笼具、产箱、垫草、粪便要火焰消毒、药物消毒或发酵消毒，饲养员工作服、鞋帽等都要严格药物消毒。

兔发瘟疫严封锁，快速扑灭可别拖。

焚烧死兔大消毒，紧急防疫无恶果。

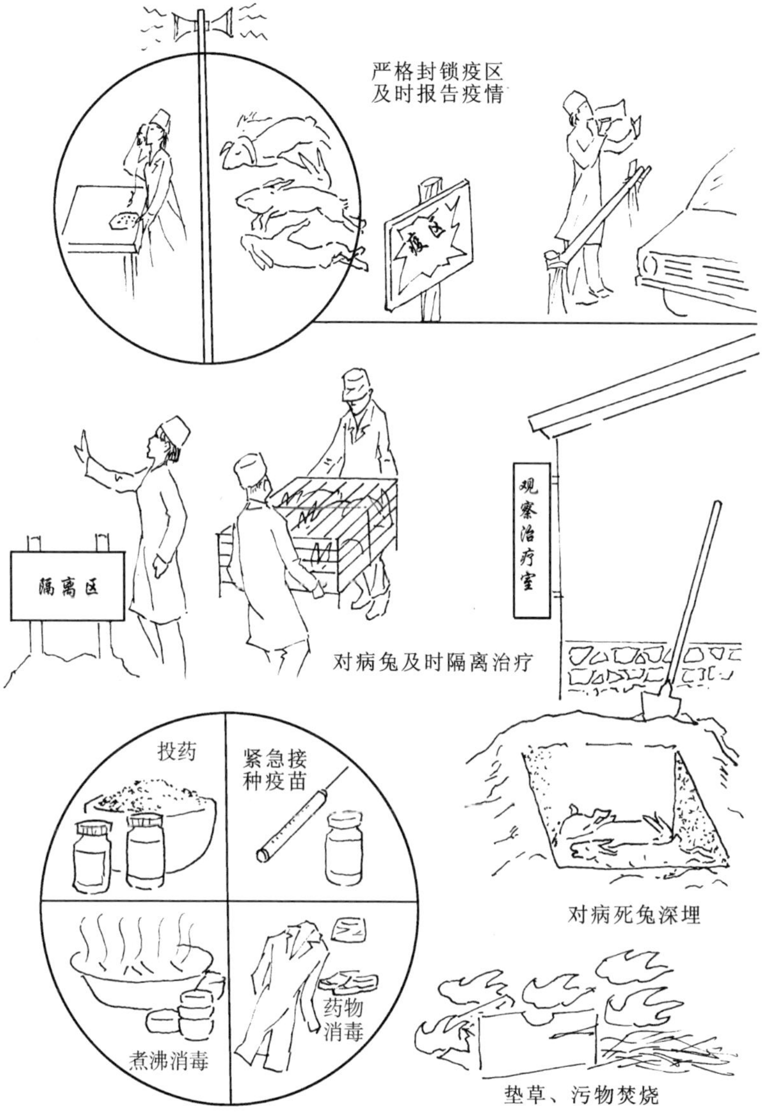
严格封锁疫区
及时报告疫情
疫区
隔离区
观察治疗室
对病兔及时隔离治疗
投药
紧急接
种疫苗
煮沸消毒
药物
消毒
对病死兔深埋
垫草、污物焚烧

（三）兔的给药方法

家兔的给药方法一般有三种：口服给药，直肠灌药，注射给药。

（1）口服给药法。多用于大群预防和个别治疗时使用，适合多种药物。分自由采食法、人工投服法和人工灌服法三种方法。

①自由采食给药：将药物研碎，撒于饲料表面或均匀地混入饲料，让兔自己采食。

②人工投服给药：固定兔头，掰开兔嘴，将药片投入咽喉让兔吞咽，或将药装入药管插入咽喉，轻弹药管，让兔将药咽下。

③人工灌服给药：将药溶于水中，吸入注射器或胶管，从兔嘴角插入让兔吸吮，或用胶管插入胃中直接灌服。

（2）直肠灌药法。先将兔子保定，后躯稍高，用涂有润滑油的胶管从肛门插入直肠5～8厘米，用注射器将药液徐徐注入直肠。一般用于便秘排粪困难或毛球病的治疗。冬季应将药液加温至30～40℃，注后捏住肛门停留3~5分钟，而后再将兔子放开。

（3）注射给药法。注射给药法又分肌内注射、皮下注射和耳静脉注射三种方法。

①肌内注射：一般在颈部、臀部、大腿内侧等肌肉丰满的部位，将注射器内空气排出后迅速将针头刺入肌内，抽动活塞，无回血后再将药液徐徐注入。

②皮下注射：常用于有说明要求的疫苗注射。多选在颈部、肩前、股内侧等部位，先用拇指、食指和中指将皮提起呈三角状，然后用注射器针头平刺于三角形基部将药液注入。

③耳静脉注射：先保定家兔，而后将兔耳外缘用酒精消毒，用左手中指和食指夹住，拇指按住，使静脉血管怒张，右手持注射器，使针头斜面朝上从血管刺入。抽动活塞，若见回血，便可将药液慢慢注入。

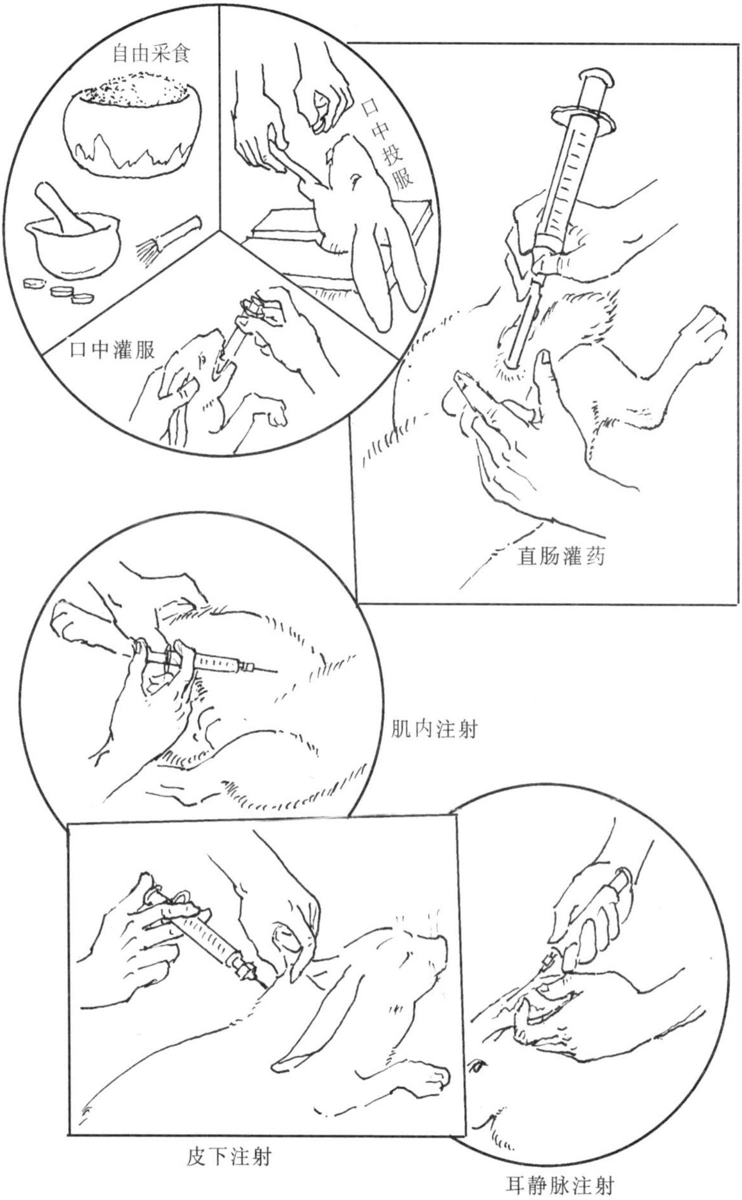
自由采食
口中投服
口中灌服
直肠灌药
肌内注射
皮下注射
耳静脉注射

（四）各类家兔主要传染病最佳免疫程序（供参考）

1.毛兔、獭兔免疫程序

（1）仔幼兔免疫力的建立。

25~30日龄	兔波氏杆菌大肠杆菌二联灭活苗	皮下注射1毫升
30~35日龄	多杀性巴氏杆菌灭活疫苗	皮下注射1毫升
40~45日龄	兔病毒性出血症（兔瘟）灭活疫苗	皮下注射2毫升
60~65日龄	兔病毒性出血症多杀性巴氏杆菌病二联苗	皮下注射1毫升
65~70日龄	兔产气荚膜梭菌病（魏氏梭菌病）灭活苗	皮下注射2毫升

注：①兔魏氏梭菌病的防疫时间，可根据各地兔场发病规律酌情调整。
②注意一定要选择使用国家GMP认证企业生产的疫苗，如山东滨州华宏疫苗。

（2）青年兔、成年兔免疫程序。每年3次定期免疫。

第一次	兔病毒性出血症多杀性巴氏杆菌病二联灭活苗 产气荚膜梭菌病（魏氏梭菌病）灭活苗	皮下注射1毫升 皮下注射2毫升
间隔4个月第二次	兔病毒性出血症（兔瘟）多杀性巴氏杆菌病灭活苗	皮下注射1毫升
	产气荚膜梭菌病（魏氏梭菌病）灭活苗	皮下注射2毫升

注：①第三次需在第二次4个月后注射，每次注射时两种疫苗应间隔5~7天进行。
②注意一定要选择使用国家GMP认证企业生产的疫苗，如山东滨州华宏疫苗。

2.肉兔免疫程序

（1）商品兔70~75日龄出栏。

20~25日龄	兔波氏杆菌病大肠杆菌病二联苗	皮下注射1毫升
35~40日龄	兔病毒性出血症多杀性巴氏杆菌病二联苗	皮下注射1毫升

（2）商品兔75~90日龄出栏。

20~28日龄	兔波氏杆菌大肠杆菌二联灭活疫苗	皮下注射1毫升
35~40日龄	兔病毒性出血症多杀性巴氏杆菌病二联苗	皮下注射1毫升
45~50日龄	兔产气荚膜梭菌病（魏氏梭菌病）苗	皮下注射2毫升
60~65日龄	兔病毒性出血症多杀性巴氏杆菌病二联苗	皮下注射1毫升

（3）青年兔、成年兔及繁殖母兔（每年2次定期免疫）。

第一次	兔病毒性出血症多杀性巴氏杆菌病二联苗	皮下注射2毫升
	兔产气荚膜梭菌病（魏氏梭菌病）苗	皮下注射2毫升
间隔6个月第二次	兔病毒性出血症多杀性巴氏杆菌病二联苗	皮下注射2毫升
	兔产气荚膜梭菌病（魏氏梭菌病）苗	皮下注射2毫升

注意：一定要选择国家GMP认证企业生产的疫苗，如山东滨州华宏蜂胶疫苗。

（五）家兔常用药物介绍

1.内服和注射用药物介绍

为了能及时给家兔治疗疾病，不拖延治病时间，现介绍一些常用的高效价廉药物。

（1）复方新诺明（SMZ）。用于多数革兰氏阳性菌及阴性菌感染，常用于兔肠道病、呼吸道病及口腔炎的治疗，口服，每日1次，成年兔每次1/2～1片，幼兔1/4～1/2片，连用2～3天。每片0.5克。

（2）磺胺二甲基嘧啶。用于治疗全身感染及兔球虫病，每日1次，成年兔每次1/2片，幼兔1/4片，连用3～5天。每片0.5克。

（3）四环素。用以治疗兔巴氏杆菌病、大肠杆菌病、结膜炎，口服，每日1次，每次1/2～1片，连用2天。每片0.25克。

（4）大黄苏打片。健胃消化药。口服治疗兔伤食，肚臌胀，每日2次，每次1～2片。每片0.15克。

（5）酵母片。健胃消化药。用于B族维生素缺乏的治疗，每日2次，每次1～2片。

（6）氯苯胍。抗球虫药。按每千克体重15毫克口服或每千克饲料300～400毫克拌料，连喂45天。

（7）敌菌净。治疗兔球虫病、伤寒及肠道病。每千克体重1片，每日2次，连用3～5天。

（8）庆大霉素。治疗兔肠道病。肌内注射2万～4万单位/次，每日1～2次，连用2天。有些用一次就好了。

（9）卡那霉素。用于兔呼吸道及肠道病的治疗。每日1次，每次0.25～0.5克肌内注射，连用2～3天。

（10）青霉素。用于治疗兔的肺炎、鼻炎、乳房炎等。每千克体重1万～2万单位肌内注射，每日2次，连用1～3天。

（11）链霉素。属广谱抗菌药，用于治疗兔出血性败血症、肠道及呼吸道疾病，每千克体重1万～2万单位，每日2次，用2～3天。

（12）氯霉素。治疗兔伤寒、肠道感染、肺炎等。肌内注射0.5～1毫升，每日1～2次。每支2毫升，含0.25克。

（13）维生素C、B族维生素。每支2毫升，含0.1克。

（14）其他常用药。土霉素，氨基比林，柴胡，黄连素，地芬诺酯，氟哌酸，安乃近，阿司匹林，果导片。

2.家兔常用外用及消毒药介绍

（1）氯霉素眼药水。治疗仔兔黄尿病，每次滴服2～3滴；治疗结膜炎、角膜炎，每眼滴入1～2滴。

（2）酒精。常用75%的浓度作注射部位的皮肤消毒。

（3）碘酒（碘酊）。作皮肤及外伤的消毒之用。

（4）煤酚皂溶液（来苏儿）。首选消毒药，其3%～5%水溶液消毒兔舍、笼具、地面、工作服，杀菌力较强。

（5）新洁尔灭。1∶1 000倍水溶液消毒场地、笼具，刷洗食槽，器械消毒，洗手，洗服装，并有去污除垢作用。

（6）烧碱。常用1%～4%热水溶液消毒笼具，冲刷地面、运输车辆，对病菌病毒杀伤力很强。常用于门口消毒池，对出入人员车辆消毒。

（7）甲醛（福尔马林）。一般作兔舍进兔前的熏蒸消毒，按每立方米30毫升加高锰酸钾15克，使用时先加少量水后再加高锰酸钾，最后将甲醛倒入。

（8）菌毒敌。复合酚消毒剂，常用1∶300倍水溶液对兔舍消毒。

（9）消毒王。能快速杀灭细菌、病毒，常用1∶3 000倍溶液喷洒笼具，浸泡刷洗食槽、工作服。

（10）百毒杀。能杀灭各种病菌、病毒、霉菌、真菌，1∶300～1∶600倍消毒。

（六）预防中毒

在养兔实践中，常出现农药中毒，即家兔食用了打过农药的青草、饲料而中毒，包括饲料霉变中毒、氰氢酸中毒、毒草中毒、灭鼠药和灭蚊蝇药中毒及饲料中用药不当中毒。防止办法是：

（1）严格控制饲料来源，不到刚打过农药的农田里割草。若对田间情况不了解或对割回的草有怀疑时，要先选一两只身体不太好的兔做实验。

（2）严禁饲喂霉变饲料。采购时要严格把关，采回后要严格保管，防止雨淋受潮。花生饼夏季常因受潮发生黄曲霉菌，要注意经常检查翻晒。发芽的土豆、黑斑病红薯不要喂兔。夏季的高粱苗、玉米苗、谷子苗不要用来喂兔，夏季割回的青草及秋季的胡萝卜缨避免堆积生热。

（3）兔舍灭鼠、灭蚊蝇时一定要注意，投用的鼠饵不要放在地面，要放在笼顶和托粪板上，并将笼门关紧防止家兔跳出误食中毒。喷洒灭蚊蝇药时，注意不要喷到饲料和饮水里，喷后及时刷洗食槽，投放的灭蝇药要用浅盘放在凳子上，不要放在地面。

（4）杀灭治疗体内外寄生虫和治疗疥癣病时，用药一定要掌握剂量，治疗疥癣病时要防止啃咬中毒。

（5）治疗和预防球虫病时，要选用安全价廉的氯苯胍、敌菌净或磺胺二甲嘧啶等药物，绝对不允许使用预防肉鸡球虫病的马杜霉素和杜球粉、抗球王、球虫王类药物，因家兔对此类药物非常敏感，常造成大批死亡。

治癣蝇鼠防中毒，割草喂料切记住。
料忌霉变草忌热，治病忌用杜霉素。

禁止用马杜霉素治疗家兔球虫病

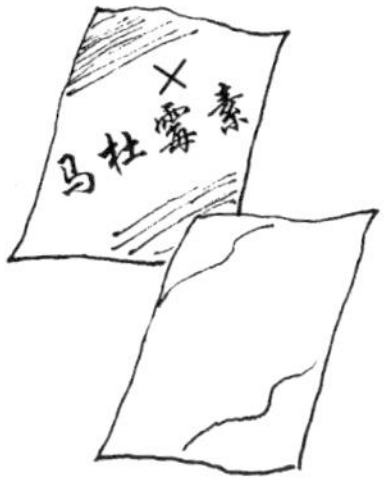

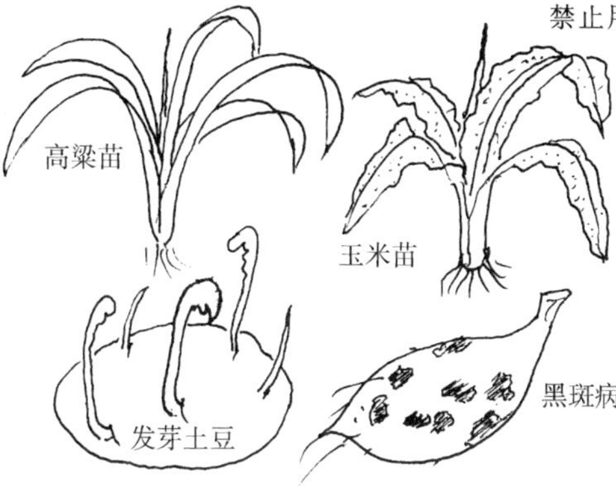

不喂高粱苗、玉米苗及发芽土豆、黑斑病红薯

对饲草来源有怀疑时，
先喂一两只兔做实验

治疥癣时要防止兔啃舔

灭鼠药要放在笼顶或托粪板上

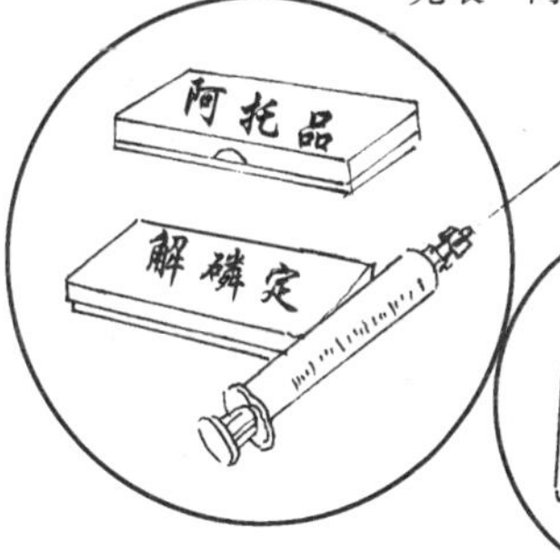

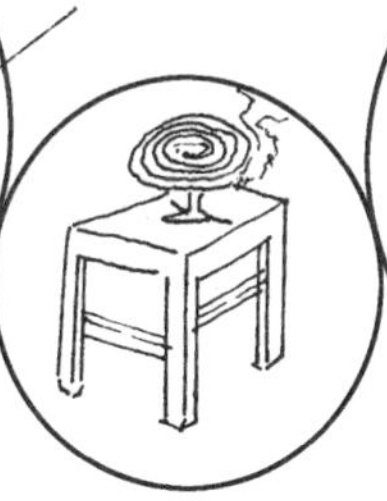

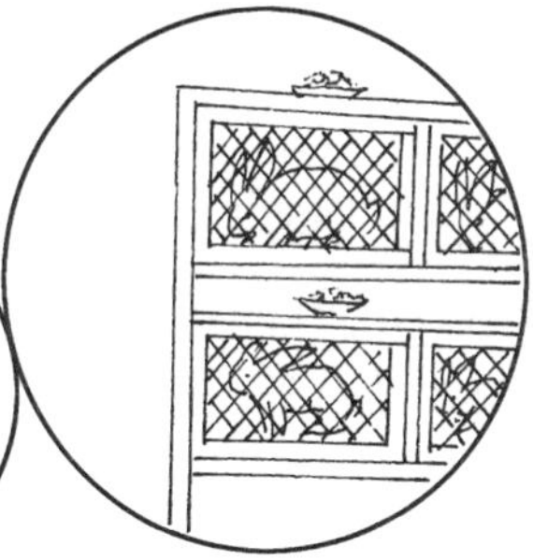

兔中毒时及时用阿托品
或解磷定解毒抢救

（七）兔病防治

1.兔瘟

兔瘟是由病毒引起的一种急性、烈性、高度致死性传染病。

【发病特点】发病突然，呼吸急促，体温增高，死前发出尖叫声，口鼻流血，支气管和肺部充血、出血。各种家兔都可感染，3月龄以上家兔发病死亡率几乎100%，近年3月龄以下幼兔也时有发生，多在秋、冬、春季发病，夏季不多。

【主要症状】根据临床症状分为最急性型和急性型，潜伏期一般为48～72小时。大多数病兔为最急性型，常不见症状就突然倒地抽搐，惨叫而死。死后肛门松弛，周围被毛有少量淡黄色黏液沾污，部分病兔口和鼻孔有红色泡沫流出。

急性型时，病兔食欲减退或废绝，数小时后体温急剧下降，呼吸急促，突然惊厥，兴奋，在笼内或圈内狂跳，倒地后即抽搐，惨叫死亡。

【病理变化】死后剖检可见肺部淤血、水肿、出血，肝脏、肾脏肿大、淤血、出血，脾脏呈蓝紫色。

【防治】平时加强饲养管理，不从疫区和自由市场购买种兔。定期进行兔瘟疫苗注射（山东滨州华宏生物制品有限公司生产），40~45日龄第一次注射，注射2毫升，2月龄注射第二次，加强免疫，以后每5～6个月注射1次。严格消毒制度，每半月用火碱、来苏儿、消毒王、菌毒敌、百毒杀及喷火灯等消毒1次。谢绝不必要的参观，发现疫情及时隔离病兔，病死兔坚决焚烧或深埋。兔瘟流行时除立即注射疫苗外，还可饮用板蓝根冲剂、仙人掌煎汁。

兔瘟尚无治疗良法，主要是平时强化管理，消毒，搞好预防工作。

兔得瘟疫死亡高，各种药物治不好。
接种疫苗是关键，加强管理把毒消。

兔瘟

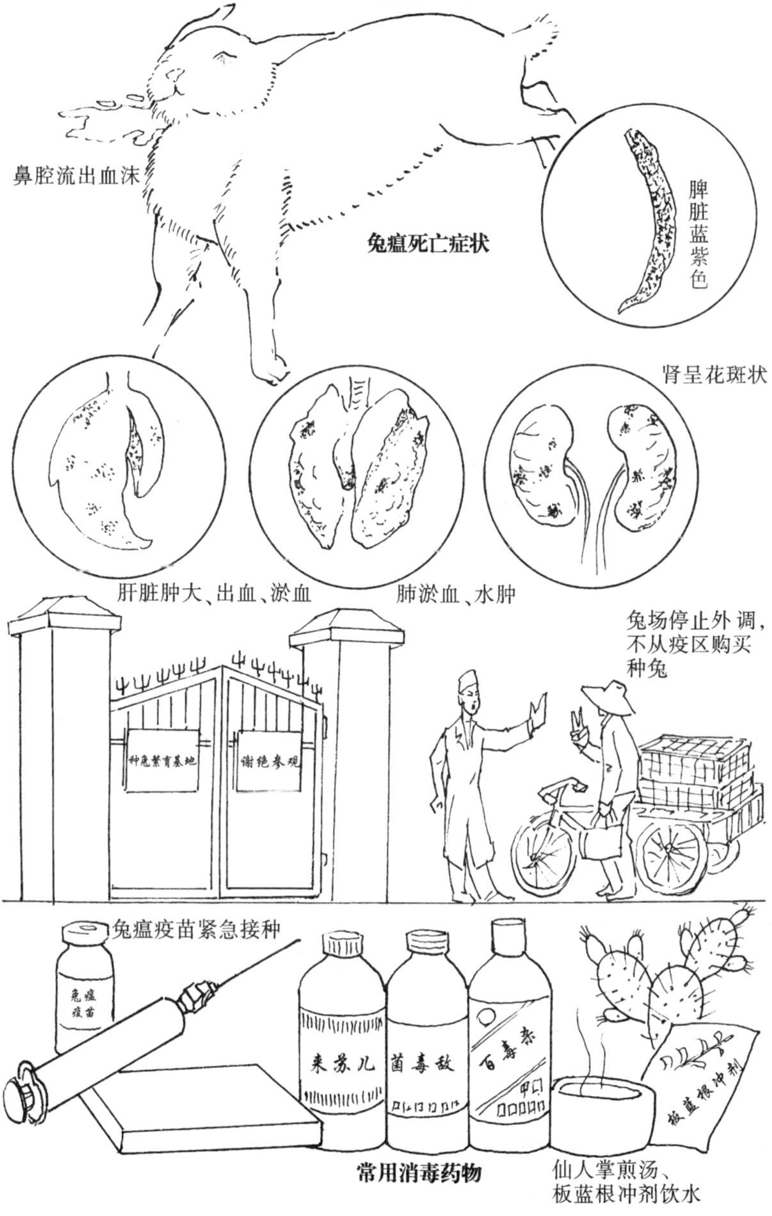
鼻腔流出血沫
兔瘟死亡症状
脾脏蓝紫色
肾呈花斑状
肝脏肿大、出血、淤血
肺淤血、水肿
兔场停止外调，不从疫区购买种兔
种兔繁育基地
谢绝参观
兔瘟疫苗紧急接种
兔瘟疫苗
来苏儿
菌毒敌
百毒杀
板蓝根冲剂
常用消毒药物
仙人掌煎汤、板蓝根冲剂饮水

关于二型兔瘟

我国兔业从业者及兔业科技工作者与兔病毒性出血症（兔瘟）抗争了几十年，使这个严重危害兔业发展的急性、高传染性、高致死性的兔病得到了基本控制。但是随着养兔群体、养兔数量的逐步扩大和流通，兔出血性病毒也出现了遗传变异。2010年，法国首次发现并报道了一种新的兔病毒性出血症变异毒株，并很快蔓延并扩散传播到几十个国家和地区，造成大批量死亡，给世界养兔业造成巨大损失，后被称作二型兔瘟。新的兔病毒性出血症变异毒株对各种日龄的家兔具有很高的传染性和致死性，未断奶的仔幼兔死亡率可达100%。二型兔瘟病毒给世界养兔业造成了巨大的疫病防控压力，随着我国对外开放力度的加大及人员大群体远距离的流动，特别是活兔物流运输和饲料物品的交流频繁，使我国在2020年4月在四川首次发现因二型兔瘟造成大批死亡的病例，给我国养兔业带来了巨大灾难和经济损失。

经过兔业科技工作者和专家调查研究发现，二型兔瘟和普通一型兔瘟临床表现较为相似，都是潜伏期短，在30~48小时发病死亡，并且发病兔传染快，死亡率高，没有时间季节性，一年四季均可发病，病死兔解剖全身器官出血、充血、水肿、坏死，尤其是肝脏、肺脏、脾脏、肾脏及胸腺没有明显的区别。

二型兔瘟与普通一型兔瘟明显的不同是，一型兔瘟只感染2月龄以上的兔，没断奶的兔不易感染；二型兔瘟不但感染青年兔和成年兔，而且感染二月龄及未断奶15日龄的仔幼兔并且用普通兔瘟疫苗注射接种不能奏效，二月龄以下的仔幼兔死亡率可达100%。

防控措施：注射兔病毒性出血症灭活疫苗是防治和控制二型兔瘟的唯一可靠保证和手段。但一定要选择质量可靠的疫苗。根据笔者三年多的实践证明：使用山东华宏生物工程有限公司生产的“兔康平”高效兔病毒性出血症灭活疫苗防治二型兔瘟，无论本场和服务的全国几十家养兔企业，都取得了很好的防治效果。使用方法是：二月龄以下的兔每只皮下注射2 mL，以后每三个月注射一次，每次皮下注射3 mL。青年兔和成年兔每只皮下注射3 mL，每3个月注射一次。

另外，在发生兔瘟或疑似发生兔瘟的时候，或者周边有发生兔瘟的兔场和农户，要立即封控兔场，禁止一切人员和车辆出入。更禁止商贩到疫区收购兔子，本场更不许从外引进和出售兔子。更重要的是紧急对兔场进行严格消毒，是防控二型兔瘟流行与传播的重要手段。发生兔瘟时要首选二氯异氰尿酸钠等含氯制剂的消毒药严格消毒，前一周要每天2次带兔消毒。并对场地、笼具、粪沟、墙壁、空间严格消毒不留死角。禁止在兔场解剖死兔，特别是饲养人员从兔笼里抓病死兔时，要戴一次性塑料手套，不得直接用手向外抓病死的兔子。病死的兔子一定要进行无害化处理。

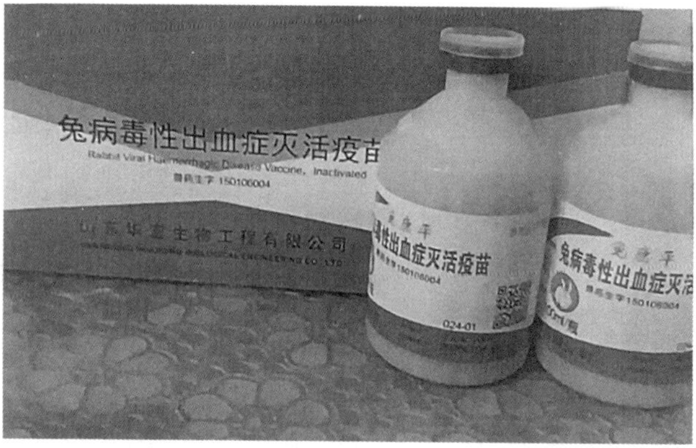

2.巴氏杆菌病

巴氏杆菌病又叫出血性败血病，是由多杀性巴氏杆菌引起的一种急性传染病，是一种最常见的家兔传染病。

【发病特点】由于病原感染部位不同，有不同的疾病名称，发生在呼吸道的有鼻炎、流行性肺炎，发生在五官上的有结膜炎、中耳炎或歪头，发生在生殖器上的称睾丸炎或阴部炎。该病多发生在春、秋两季，各种家兔都易感染，特别是刚断奶幼兔最易感染，发病率在50%～70%，一旦发病常整群死亡。引起本病的重要原因是饲养管理和卫生条件不好，兔舍密度过大，兔笼过分拥挤，长途运输及其他疾病的协同作用等应激因素，使兔机体抵抗力降低，引起本病在兔群中暴发流行。

【主要症状】刚开始流行时，常有不出现症状就突然倒毙的病例，有的前一天晚上未见异常症状，第二天早上已死于笼内。一般病兔表现为精神萎靡不振，体温升高至41℃以上，停食，鼻腔流出黏液和脓性分泌物，有时发生下痢现象，死前体温下降，倒地，四肢抽搐。分急性型、亚急性型、慢性型三种。

【病理变化】死后剖检可见肝脏变性，并有许多小坏死点，肺严重充血和出血，喉黏膜、气管黏膜充血或出血，肠管肿大，肠黏膜充血、出血。

【防治】平时加强饲养管理，严禁狗、猫及其他家畜进入兔舍，减少应激反应。饲料中添加PB一号幼兔添加剂，每100千克添加500克。定期用巴氏杆菌疫苗注射，35日龄肌内注射第一次，注射2毫升，以后每4个月注射2毫升。严格消毒制度，保持兔舍空气新鲜，饲养密度不要拥挤。常用消毒药有3%来苏儿、2%火碱、20%生石灰、消毒王、抗毒威、菌毒敌，按使用说明交替使用。口服复方新诺明，幼兔每日1/4片，青年兔每日1/2片，用2～3天。注射可用庆大霉素、卡那霉素，每只兔2万～4万单位，配合维生素C 1～2毫升，每日1～2次，用2～3天；链霉素每千克体重1万～2万单位，每日2次。

巴氏杆菌病

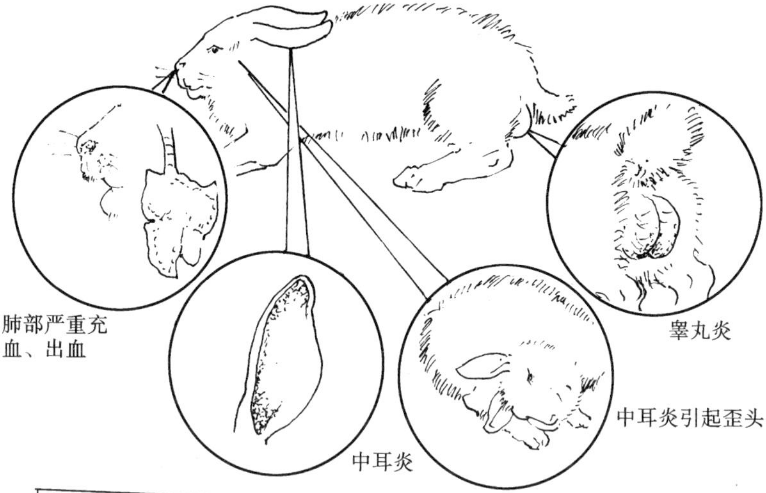

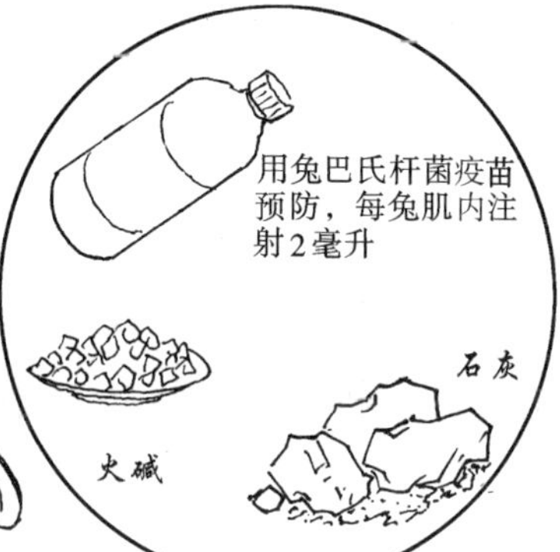

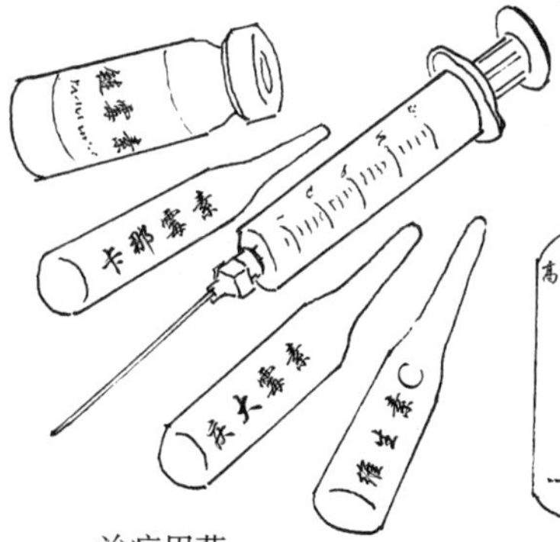

治疗用药

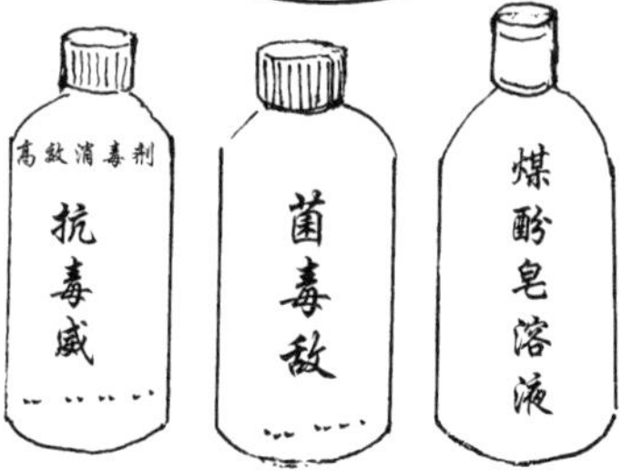

消毒用药

3.魏氏梭菌病

本病又称魏氏梭菌性肠炎，是由A型魏氏梭菌及其毒素所引起的传染病。

【发病特点】以急剧腹泻，排黑色水样或带胶冻样粪便为主要特征，各种品种和年龄的兔都易感染，该病对幼兔危害最大。一年四季都可发生，冬、春两季常见。饲养管理不良、天气突然变化及各种应激反应是诱发本病的主要原因。

【主要症状】病兔背毛蓬乱，精神沉郁，不吃食，排黑色水样或带血胶冻样粪便，并有特殊腥臭味。体温不升高，水泻1～2天死亡，少数5～7天死亡。

【病理变化】胃底黏膜脱落，肠黏膜有弥漫性出血点，小肠充满气体，薄而透明。盲肠和结肠充满气体，内容物呈黑绿色并有腐败气味，肝脏变脆，脾脏呈深褐色。

【防治】平时加强饲养管理，坚持消毒制度，保持笼舍干燥，注意天气变化，防止家兔受凉，减少应激反应和诱发因素。满月及时注射魏氏梭菌疫苗（山东省滨州华宏生物制品有限公司生产），每4个月1次。平时饲料中添加PB一号幼兔添加剂，每100千克饲料添加500克开食即开始喂服。有条件时可用高免血清治疗病兔，每千克体重皮下注射2毫升，连用3天。

带血胶冻稀粪便，触摸腹部有水感。
戗毛肚胀肠臌气，得病易死治愈难。
药虽不治可预防，饲养管理是关键。
满月及时注疫苗，防止应激天骤变。
PB一号常拌料，笼舍干燥要保暖。

魏氏梭菌病

黑色水样或带血胶冻样粪便

胃底黏膜脱落，肠黏膜有弥漫性出血点

小肠充满气体，薄而透明

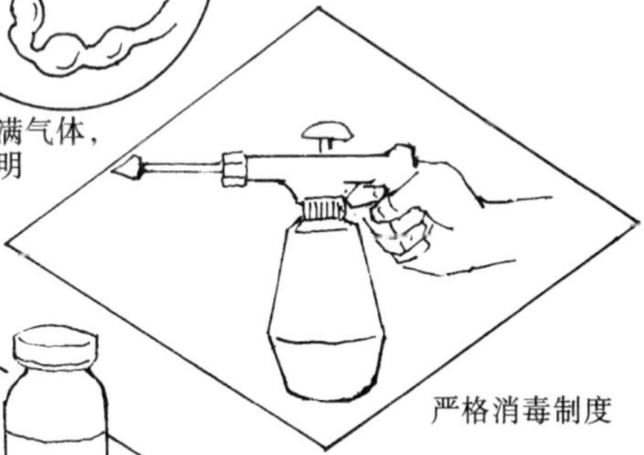

严格消毒制度

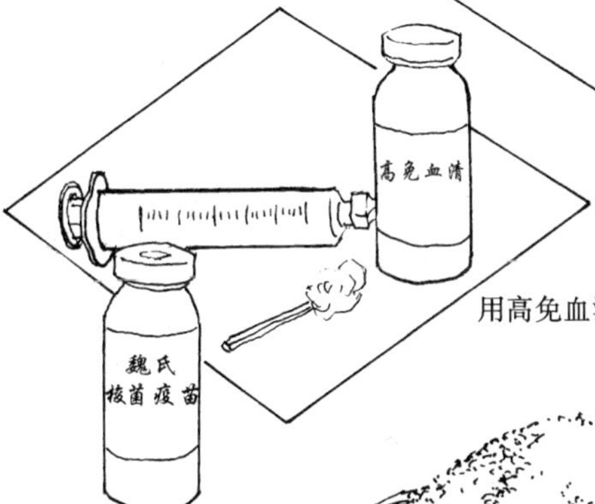

用高免血清抢救

及时注射魏氏梭菌疫苗预防，
每千克体重肌内注射2毫升

PB一号幼兔添加剂拌料，
每100千克饲料添加500克

4.大肠杆菌病

本病是由血清型致病大肠杆菌及其毒素引起的一种暴发性、死亡率很高的肠道传染病。

【发病特点】各种年龄的家兔都易感染，尤其是仔兔和百天之内的幼兔死亡率占80%以上，而且地面散养兔又高于笼养兔。拉胶冻样粪便和严重脱水为本病的主要特征。由于平时饲养管理不当，饲料、饮水被污染，气候突然变化或其他疾病，如沙门杆菌病、魏氏梭菌病、球虫病等的协同作用，引起肠道菌群紊乱，幼兔抵抗力降低引起发病。

【主要症状】本病分为最急性、急性、亚急性三种。最急性不见任何症状就突然倒地死亡，急性的1～2天死亡，亚急性的1周内死亡。多数病兔初期食欲不振，腹部鼓胀，精神沉郁，粪便变形，细小成串，外表包有透明胶冻样黏液。后期出现水样腹泻，体质逐渐消瘦死亡。

【病理变化】死后剖检，胃膨大并充满液体和气体，胃黏膜有出血点，十二指肠充满气体且有染有胆汁的黏液，空肠、回肠、盲肠充满半透明胶冻样液体，结肠扩张且有半透明胶冻样液体，肠道黏膜充血、出血、水肿，心脏、肝脏有局部坏死病灶。

【防治】除采取上述几种病的预防措施外，可定期注射大肠杆菌疫苗（山东滨州华宏生物制品有限公司生产）。治疗除按每千克口服诺氟沙星胶囊2~3粒，体重肌内注射1万～2万单位链霉素外（每日1～2次，病好为止），配服SMZ 0.5～1片。幼兔，庆大霉素或卡那霉素每次每只2万～4万单位，每日1～2次，病好为止，配维生素C或地塞米松各1支，肌内注射。全群预防可在饲料中添加PB一号幼兔添加剂，每100千克饲料500克能有效地预防大肠杆菌病的发生。

兔拉粪便带胶冻，治疗选用痢特灵。
适时接种别忘记，选择疫苗认华宏。

大肠杆菌病

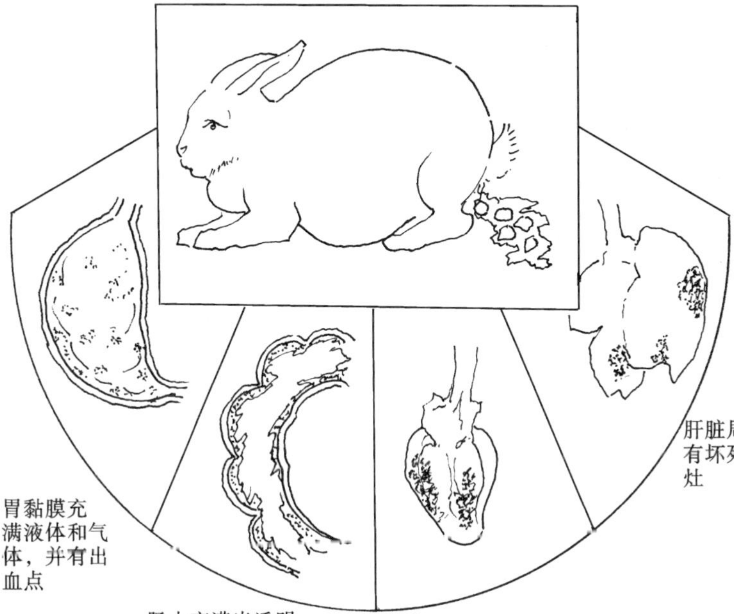

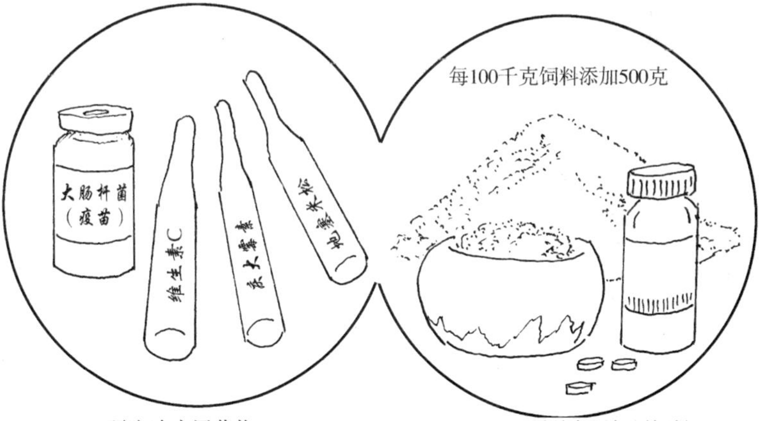

预防治疗用药物　　PB一号幼兔添加剂饲料

5.波氏杆菌病

本病是家兔常见多发并广泛传播的一种慢性呼吸道疾病。

【发病特点】多发于春、秋季。昼夜温差大、气候骤变等应激反应时，家兔感冒、寄生虫病和有强烈气味儿（如石灰粉）刺激时，致使兔上呼吸道黏膜脆弱，引起发病。

【主要症状】本病又分鼻炎型和支气管肺炎型。鼻炎型多为鼻黏膜充血，流出多量黏液和黏液性分泌物。支气管肺炎型是因鼻炎长期不愈，使病菌又内行至支气管并感染到肺部，使肺产生炎症化脓，致使家兔呼吸困难，又从鼻腔流出黏液性脓性分泌物，打喷嚏，食欲不振，逐渐消瘦，治疗后好转。可持续数日反复发作。

【病理变化】病兔死后剖检可见肺部有大如蛋黄，小如小米或芝麻粒的脓疮，严重者占肺部90%以上。肝脏表面也有黄豆大小的脓疮，脓疮内积满了黏稠乳油样白色、淡黄色或灰白色脓液，严重病例脓液会积满胸腔。

【防治】加强兔舍卫生管理，定期消毒，保持兔舍透光通风和适宜的温湿度。定期用波氏杆菌疫苗注射预防，25日龄前皮下注射波氏杆菌疫苗，每兔1毫升（山东滨州华宏生物制品公司生产）。注意天气变化，减少应激反应。及时淘汰有鼻炎症状和严重打喷嚏的兔。治疗可肌内注射卡那霉素1支，配维生素C 1支。肌内注射庆大霉素2万～4万单位，配维生素C 1支，每日2次。氯霉素1支肌内注射，链霉素肌内注射10万～20万单位，每日2次。鼻炎型的还要用氯霉素眼药水滴鼻，每次2～3滴，每日滴3次。在上述各方法治疗的同时，都要用鱼腥草1支（2毫升）配伍，以提高治疗效果。

用鼻咳停肌内深部注射，每千克体重0.05毫升，病情严重者7天后需重复用药1次。

波氏杆菌病流传，兔打喷嚏兼鼻炎。
治疗多用抗生素，青链霉素40万。
预防适时打疫苗，华宏蜂胶疫苗选。

波氏杆菌病

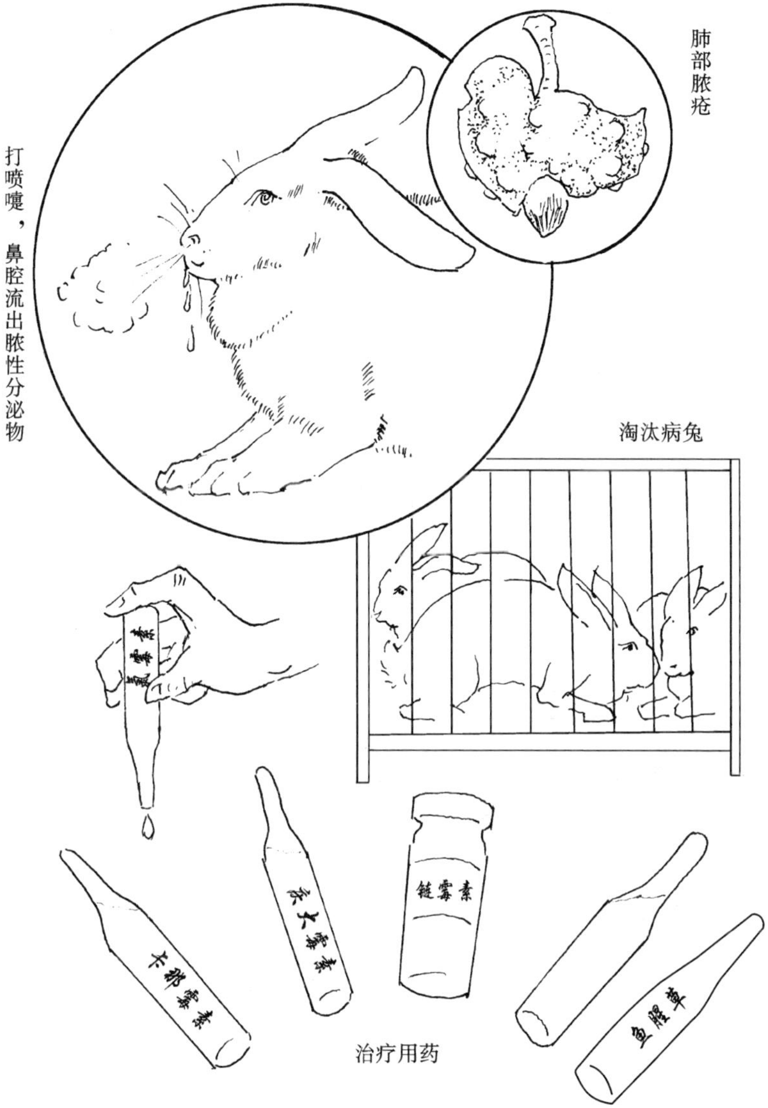

6.沙门杆菌病

本病是兔的一种消化道传染病。主要侵害怀孕母兔，尤以怀孕25天后的母兔最为常见。

【发病特点】以败血症死亡、腹泻与流产为典型特征，因此又称“沙门杆菌流产”。引起该病发生的原因是家兔肠道中寄生有此种病菌，潜伏期不表现症状，当饲养管理不善和营养不良而怀孕后，因其他疾病诱发，或采食了被病菌污染的饲料、饮水而引起急性发病。

【主要症状】潜伏期3～5天，有少数孕兔不表现症状就突然死亡。大多数病兔体温升高，精神呆滞，腹泻，从肛门排出带泡沫的黏液性粪便，阴道排出脓性或黏液性分泌物，胎儿流产后很快死亡，随之发病母兔死亡。

【病理变化】胸腔和腹腔内脏器官有出血点和多量黏液性或纤维性渗出物。子宫肿大、化脓，黏膜充血或出血。未流产死亡的母兔子宫内有木乃伊胎和被液化的胎儿，胆囊肿大并充满胆汁，脾脏明显肿大1～3倍，呈暗红色，肾脏有针头大的出血点。

【防治】经常用3%来苏儿、福尔马林或15%石灰乳消毒。消灭老鼠、蚊蝇，减少传染源。注意环境卫生、加强饲养管理。发现本病立即隔离治疗，并及时对健康兔注射鼠伤寒沙门杆菌疫苗。治疗本病的首选药物是氯霉素，每兔肌内注射2毫升，每日2次，连用2～3天；片剂每兔0.5～1片（每片0.25克），每日2～3次，连用3天。链霉素肌内注射，每次10万～20万单位，每日2次，结合服用复方新诺明片（SMZ）0.5～1片、大黄苏打片2片，每日2次。

病兔腹泻兼流产，阴道排液脓性黏。
精神呆滞体温高，死亡常常在临产。
治疗首选氯霉素，肌内注射日两遍。
兔舍消毒灭病菌，杀鼠切断传染源。

沙门杆菌病

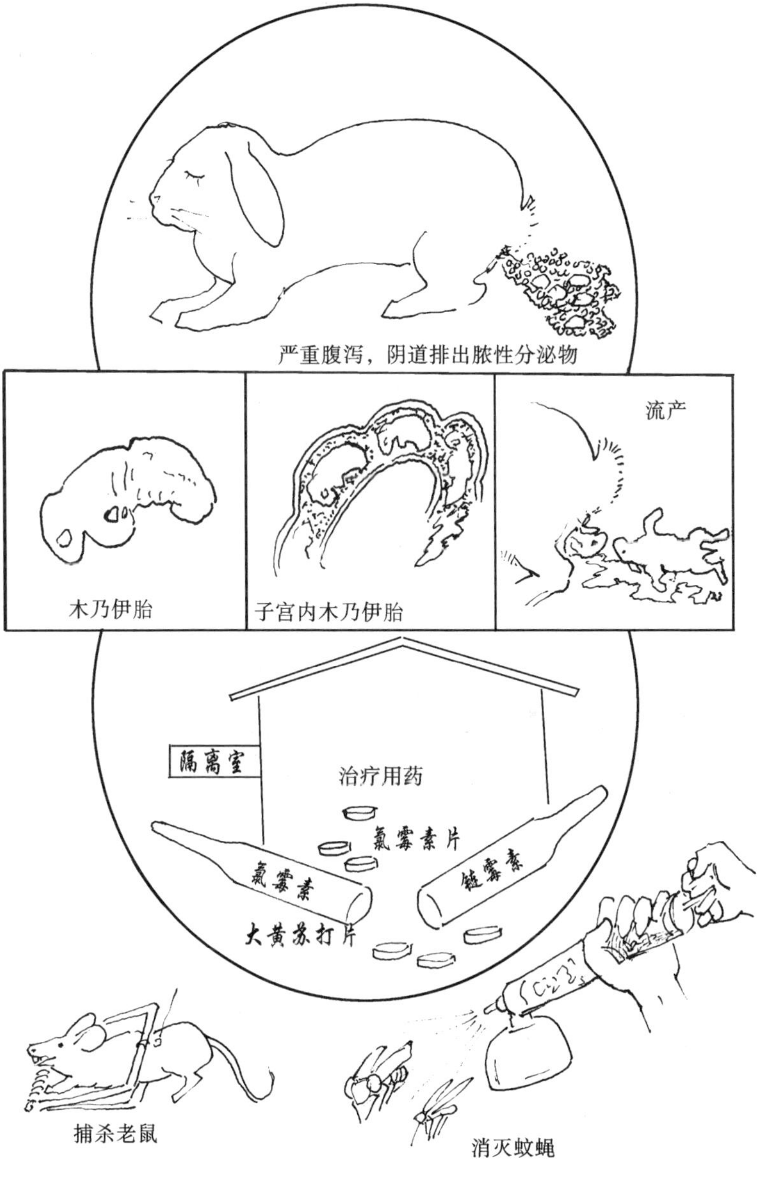
严重腹泻，阴道排出脓性分泌物
木乃伊胎
子宫内木乃伊胎
流产
隔离室
治疗用药
氯霉素片
氯霉素
链霉素
大黄苏打片
捕杀老鼠
消灭蚊蝇

7.口腔炎

本病是由水疱性口炎病毒引起的一种急性传染病。

【发病特点】以口腔黏膜发生水疱性炎症并大量流涎为特征，因此又称“流涎病”“流嘴水”，多发生于20~90日龄的仔幼兔，通常是整窝同群感染。发生本病的原因是饲养管理不当，饲料霉变带刺或干草粉碎过粗，家兔在夏天吃了被蚊蝇及病毒污染的饲料所致。

【主要症状】发病初期口腔黏膜潮红、充血、肿胀，吃食小心缓慢，随后唇、舌、口腔黏膜出现小水疱，破裂后形成烂斑和溃疡，大量流涎。流出的口涎发黏，并有灼热感，使下颌、肉髯及胸部水湿。

【病理变化】因病毒的侵染，使水湿部位发炎、潮红或脱毛，若不及时治疗，常造成整窝和大批死亡。

【防治】平时加强饲养管理，不喂带刺饲料，各种草粉要加工粉碎。夏季防止蚊蝇、老鼠污染饲料，不喂腐败变质的饲料，食槽、水槽勤刷洗消毒、暴晒或水煮。治疗可用复方新诺明片（SMZ）、磺胺二甲基嘧啶（SM_2）或土霉素研末撒于口中。用上述药物每兔半片研末，混入饲料喂服，进行整群预防。中成药可用冰硼散敷口及六神丸、保赤丸、消炎丸治疗。用板蓝根冲剂饮水，用金银花、野菊花煎汤饮水或拌料。

家兔嘴里流水涎，疾病就叫口腔炎。
夏季多发传染快，同窝易把同病染。
治疗首选新诺明，研末敷口病愈痊。
煎汤饮水中草药，银花野菊配板蓝。
食槽煮沸勤曝晒，草料无刺别污染。

口腔炎

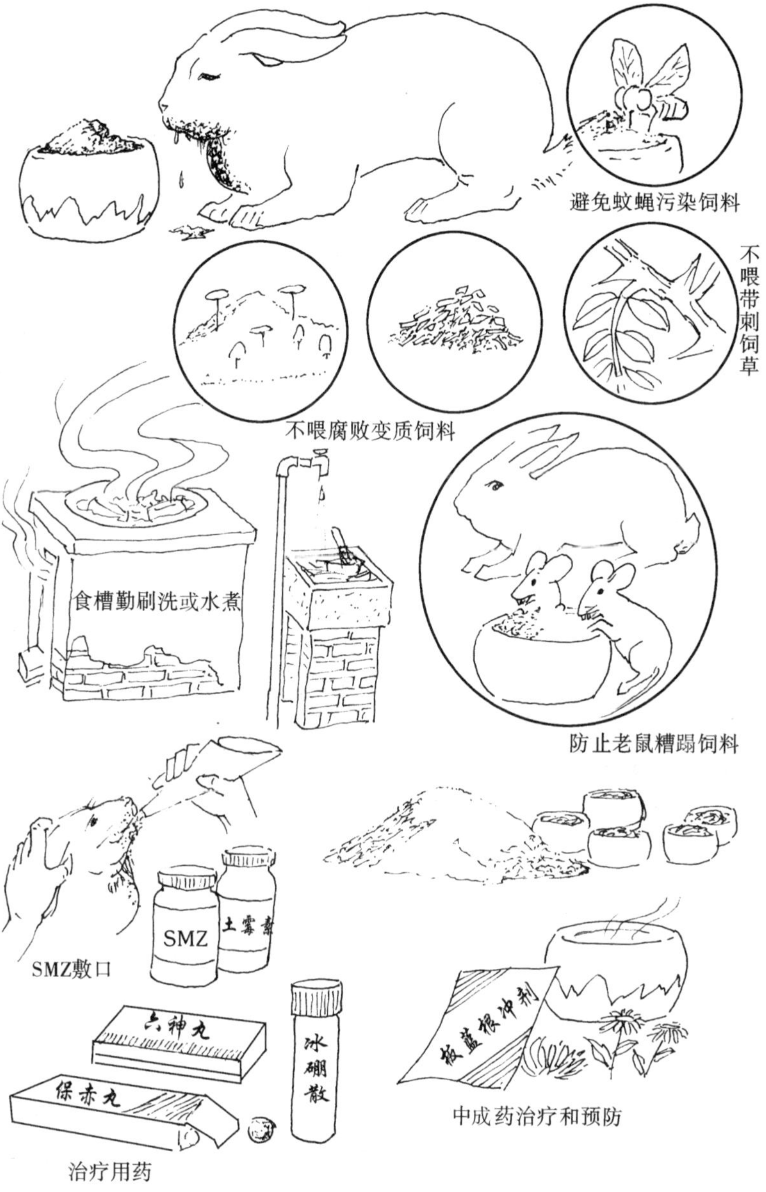
避免蚊蝇污染饲料
不喂带刺饲草
不喂腐败变质饲料
食槽勤刷洗或水煮
防止老鼠糟蹋饲料
SMZ
土霉素
SMZ敷口
六神丸
保赤丸
冰硼散
板蓝根冲剂
中成药治疗和预防
治疗用药

8.球虫病

球虫病是一种常发生的流行性疾病，是严重危害养兔业发展的疾病之一。

【发病特点】主要侵害3月龄以内的幼兔，常在炎热潮湿的夏季暴发流行，发病死亡率70%以上。球虫病暴发的原因是幼兔吃了带球虫卵的兔粪或吃了被球虫卵污染的饲料。

【主要症状】分肝型、肠型和混合型三种。以混合型球虫病最为常见。病兔黏膜苍白黄染，被毛蓬乱无光泽，食欲减退或不吃食，精神萎靡不振，肚皮臌胀发黑并有痛感，不爱活动，最后急性拉稀而死亡。死亡时头向后仰，四肢痉挛，后肢不停向后划动呈痛苦表现。

【病理变化】肠管充血，十二指肠扩张，黏膜有卡他性炎症，小肠充满气体和黏液，肝脏肿大，有绿豆至黄豆大小的淡黄色结节。

【防治】合理安排配种季节，尽量不要在炎热潮湿的多雨季节断奶。建立严格的卫生消毒制度，防止粪便污染饮水和草料，笼舍水槽要经常消毒。满月的幼兔断奶后还养在原笼，注意大小分养，异窝莫混。夏季常喂些洋葱、大蒜或涩拉秧，进行中草药预防。兔粪要高温发酵后施田，并注意不要在兔舍兔场宰杀、解剖病死家兔。球虫病流行季节要减少饲料中饼类和鱼粉等蛋白质饲料的含量。

可用PB—号添加剂拌料，每100千克饲料混入500克，自20天会开食时开始喂服至2千克重。氯苯胍每千克体重日服15毫克，拌料量每千克饲料添加300 ~ 400毫克，连喂45天。球速杀、地克珠利、球虫净严格按使用说明书使用。

注意：治疗兔球虫病时禁用马杜霉素、杜球粉和抗球王，以免中毒死亡。

球虫病

肠管扩张，黏膜卡他性炎症
临死前头向后仰，
后肢不停地滑动
肝脏肿大，有大小
不等的淡黄色结节
不在梅雨季节断奶
多喂洋葱、大蒜、涩拉秧
PB一号
幼兔添加剂
氯苯胍
球虫净
防止粪便污染饲料和草
抗球王
杜球粉
马杜霉素
用抗球虫药物
拌料预防
禁用药物
食槽勤刷洗消毒

9.疥癣病

本病是由寄生在家兔体表的痒螨和疥螨引起的一种外寄生虫性皮肤病，寄生在耳郭内的称痒螨病，寄生在足部的称疥螨病。

【发病特点】由于家兔笼舍污秽潮湿、光照不足，使螨虫滋生蔓延，通过和病兔直接或间接接触而传染。

【主要症状】耳螨病主要发生在外耳道内和耳朵外缘，渗出物干燥后使耳缘干裂，耳道内形成白色或灰白色、黄褐色痂皮塞满耳道，可引起外耳道炎症。因耳内奇痒使家兔精神不安，不断用前爪抓挠耳朵和摇头。兔疥癣一般发生在嘴、鼻及足部，使足部渗出物形成灰白色、黄褐色皮屑结痂，发病部位奇痒，家兔不停地啃咬足部，食欲减退，逐渐消瘦，甚至死亡。

【防治】不要购买带耳螨疥癣的病兔，不用疥癣病兔配种。保持笼舍干燥，经常用火焰消毒兔笼。每个季度用5%的三氯杀螨醇，2%的敌百虫水溶液给兔蘸蹄1次。疥癣病发生时，及时用5%～10%的三氯杀螨醇油溶剂和水溶液给兔涂抹患部，7天后重复1次。同时用5%的水溶液喷洒兔笼和场地，焚烧垫草污物。兔癣1针净肌内注射，严重的7天后可重复用药1次，用以杀灭虫卵。用兔癣克星拌料每500克拌料250千克连喂5~7天，能有效地预防该病的发生。发病严重的兔子间隔10天再喂5~7天即可根治。

灭虫丁按说明要求肌内注射。2%敌百虫水溶液洗涤患处，忌用肥皂或洗衣粉水洗净。洗后用干煤渣或干沙土搓干，防止啃舔中毒。

疥癣是外皮肤病，患处结痂痒又疼。
食欲不佳体消瘦，被毛掉稀皮难用。
不购病兔防为主，治疗首先杀螨虫。
阿维菌素可内服，注射兔癣一针净。
兔癣克星拌料喂，五至七天分疗程。

疥癣病

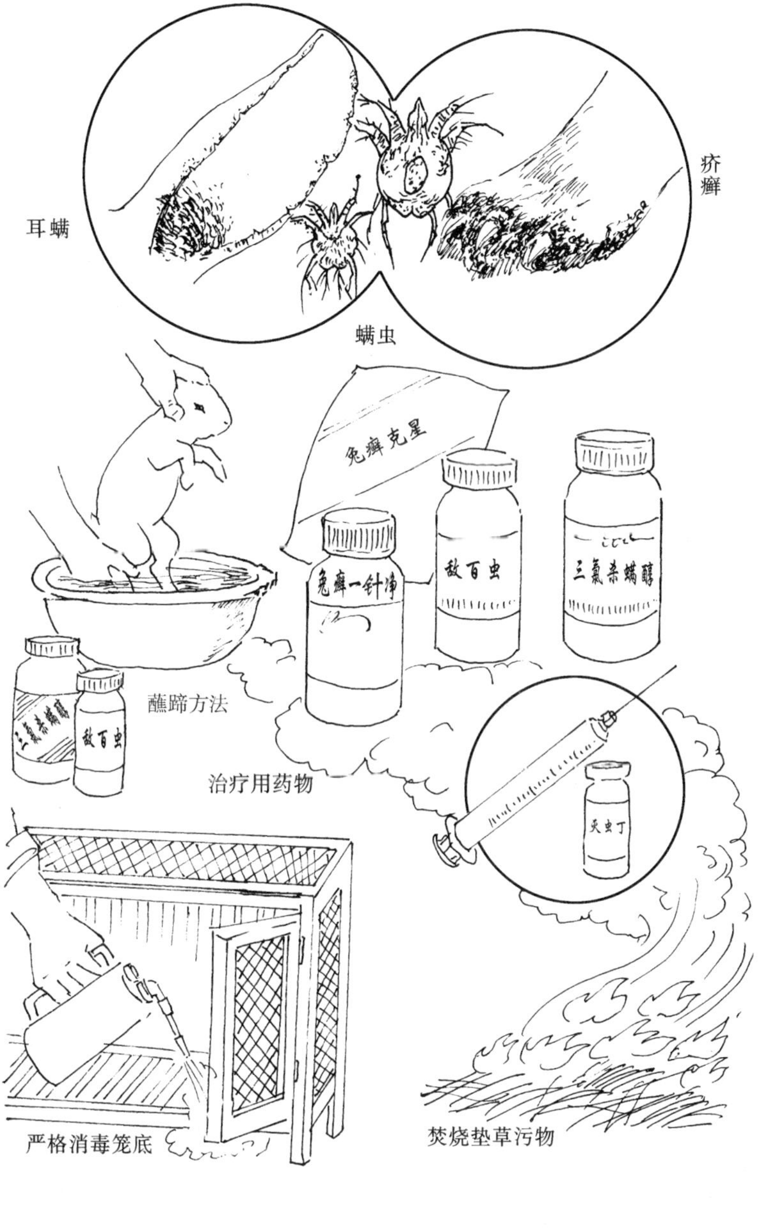
耳螨
疥癣
螨虫
兔癣克星
兔癣一针净
敌百虫
三氯杀螨醇
蘸蹄方法
三氯杀螨醇
敌百虫
治疗用药物
灭虫丁
严格消毒笼底
焚烧垫草污物

10.拉稀

兔拉稀是断奶幼兔最易发生的疾病。分普通型拉稀、伤食型拉稀和胃肠炎型拉稀三种。

【主要症状】普通型拉稀多得病急，粪便稀薄如糊，肛门周围粘满粪便，病兔常勾头舔啃肛门处，大多在天气突然变化、气温骤降时，腹部受凉或吃了带冰霜露水的草而发病的。伤食型拉稀是因幼兔贪食过量，腹部胀满，消化不良引起，病兔排出湿烂粪便并带臭味，但食欲不减。胃肠炎型拉稀是家兔采食了发霉变质和被大肠杆菌污染的饲草所致，各种年龄的兔都易发生，其粪便带有气泡，或带鼻涕样红白色黏液，病兔常以蹲卧式排大便，且大便次数多，排粪量少，严重者食欲废绝，精神沉郁，常引起死亡。

【防治】平时加强饲养管理，注意笼舍干燥卫生，注意天气变化和幼兔保暖工作。饲喂时应注意掌握勤喂少给的原则，夏不喂露水草，冬不喂冰冻料。不让粪便污染饲草。

治疗可口服诺氟沙星胶囊2~3粒，大黄苏打片1～2片、维生素C 1片；或复方新诺明0.25～0.5片，大黄苏打片1～2片。严重者可服氟哌酸1丸，地芬诺酯1片。也可用庆大霉素或卡那霉素2万～4万单位，维生素C 1支，地塞米松2毫克，肌内注射，每日1～2次。胃肠炎型可肌内注射黄连素1支，维生素C 1支，每日2次。上述药物应以病好停药。

家兔拉稀有三种，普通伤食痢疾型。
注意平时防为主，草料无露忌霜冰。
治疗庆大黄连素，维生素C地塞米松。
新诺明片氟哌酸，PB一号拌料中。

拉稀

普通型拉稀，兔常勾头舔肛门

伤食型拉稀，食欲不减

胃肠炎型拉稀，蹲卧式排粪

定时定量，勤喂少给

注意天气变化，注意保暖，防止受凉

治疗用药物

11.积食病和便秘病

（1）积食病。本病的发生主要是家兔贪食过多精料，或吃了难以消化和容易发酵的饲料所致。

【主要症状】病兔常卧着不愿活动，不吃食，常磨牙，肚臟胀。

【防治】可视情况对兔断食1天，或人工对其胃部按摩，促使在外运动。治疗可用蜂蜜10毫升对水20毫升灌服，干酵母2片研末灌服。四消丸1粒，日服2次。预防要注意饲料搭配合理，定时定量，供足饮水。

（2）便秘病。发病原因是喂精饲料过多过干；缺乏青绿饲料和饮水；长期或连续服用化学药物引起。

【主要症状】食欲不振，粪球小而干硬，排粪少或几天不排粪。

【防治】掌握家兔的草食性，平时多喂青绿多汁饲料。精粗饲料合理搭配，注意用水拌料的比例，一般是1：2或1：2.5。让兔多运动，喂全价颗粒饲料并注意不断饮水。

治疗可口服果导片，每次1片，大黄苏打片每次1～2片，每日2次。同时用开塞露，从肛门直肠灌入，捏住肛门2～3分钟后将兔放开，即可将粪排出。将兔倒提，用猪苦胆5毫升从直肠灌入，拔出软管后2～3分钟将兔放开即可排便。

家兔磨牙肚臟胀，积食便秘病成双。
促使运动胃按摩，果导内服开塞肛。
补喂青绿适停食，用猪苦胆灌直肠。
平时饲料巧搭配，兔群肠胃都健康。

积食病和便秘病

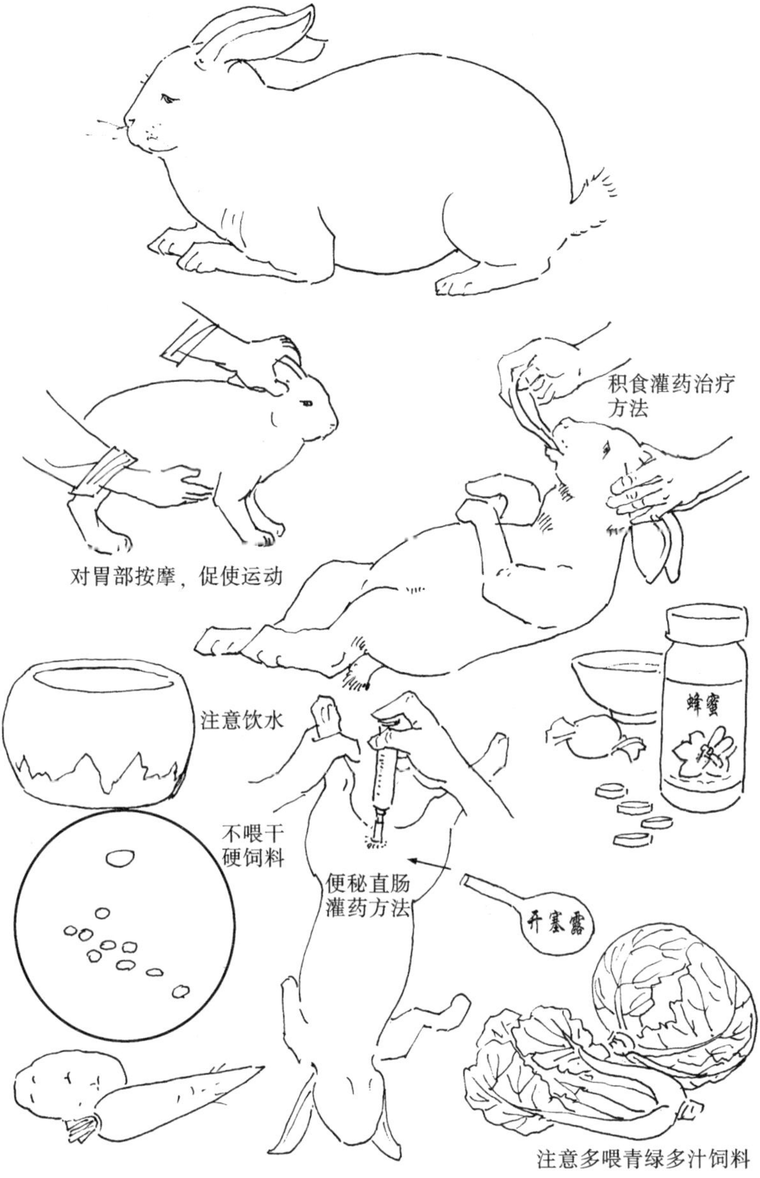
积食灌药治疗
方法
对胃部按摩，促使运动
蜂蜜
注意饮水
不喂干
硬饲料
便秘直肠
灌药方法
开塞露
注意多喂青绿多汁饲料

12.兔感冒病和毛球病

（1）兔感冒病。家兔感冒多在温差大的春、秋季节或天气骤变、气温突然下降时发生，长毛兔多在剪毛后遇风寒发病。

【主要症状】病兔缩头怕冷，体温升高，流鼻涕，眼无神，流泪，咳嗽或呼吸困难。

【防治】平时加强饲养管理，注意天气变化，及时关闭门窗保暖，天冷时笼内放保暖箱，让幼兔夜间栖息。长毛兔在天暖和时剪毛，剪毛后要注意兔舍保暖，防止受寒。治疗可用安乃近或阿司匹林半片，维生素C 1片，内服，每日2次。如发热可肌内注射氨基比林或柴胡0.5～1支，每日2次。为了防止诱发肺炎，可以用青霉素10万～20万单位肌内注射，每日2次。

（2）兔毛球病。毛球病是长毛兔的常见病，肉兔、皮兔少有发生。多为家兔吃了落进草料中的兔毛所致，也有的是因某种微量元素和矿物质长期缺乏，家兔互相咬毛，自己形成了食毛癖，因大量吞食兔毛而发病。

【主要症状】食欲减退，大便秘结，肚臌胀，好伏卧，爱喝水，慢慢消瘦，严重的用手可在胃部触摸到杏核大小的毛球。由于毛球不能通过幽门或停留在小肠内，造成胃肠道阻塞而引起死亡。

【防治】喂草应设草架，换毛季节注意用火焰喷灯焚烧挂带在笼上的兔毛，多喂含矿物质和维生素丰富的饲料，毛兔每隔5～7天停食1顿或1天，能防止毛球病发生。治疗可用蓖麻油或小磨香油20～30毫升，一次灌服。

缩头怕冷体温高，感冒流涕兼咳嗽。
注意保暖防受凉，氨基比林退发烧。
青霉素防诱肺炎，兔喂架草防食毛。
香油灌肠毛球出，补喂多维矿物料。

兔感冒病

兔毛球病

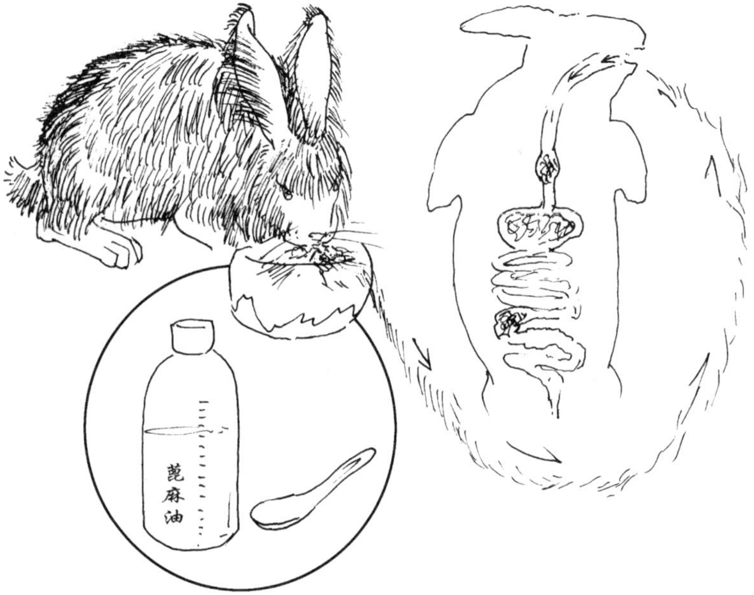

13.母兔产后不食及瘫痪

此病以母兔产仔后，突然不食或跛行、瘫痪为主要特点。

【发病原因】母兔产后消化机能紊乱或减弱，是由于饲喂精料过多或吞食胎盘，引起消化不良，导致厌食。多为产仔数多，产仔胎次过密，母兔营养不良，产仔时用力努责，产后腹压突然降低，产后极度疲乏，影响了正常的消化运转，体质虚弱，造成食欲下降。由于产后外阴及产道感染、发炎，体温升高，引起腹痛厌食。严重的造成跛行或瘫痪。

【防治】平时合理搭配饲料，注意日粮的可消化程度及钙、磷、食盐等矿物质的补充。产后注意多喂青绿多汁饲料，不要突然一次投喂大量精饲料。注意不要频繁血配，对断奶后母兔及体质虚弱的母兔，要及时补充丰富的营养，恢复体质后再配种生产。注意笼舍干燥卫生和食具消毒，特别是对产箱及垫草要严格消毒或日晒后使用，防止细菌感染外阴及产道，引起产后风。

【治疗】由于喂大量精饲料引起的产后不食，可用食盐25克，红糖20克，生姜细末10克混合均匀，酌量灌服。也可用庆大霉素4万～8万单位，维生素C 1支肌内注射后促使运动，或用爱茂尔2毫升，维生素$B_6$1毫升肌内注射。由于营养性缺钙或磷引起的产后不食，或跛行、瘫痪，可静脉注射葡萄糖酸钙5～10毫升，皮下注射维生素D 1毫升或肌内注射复合维生素B 2毫升，以促进神经功能的恢复。因产道发炎或发热引起的不食，可用青霉素10万～20万单位，维生素C 1支肌内注射，每日2次，病好为止；或用磺胺类药物治疗。

产后不食查病根，母兔体弱产仔勤。
精料过多食胎盘，消化不良是病因。
重症瘫痪或跛行，外阴感染废终身。
实践治疗效不佳，管理有道全在君。

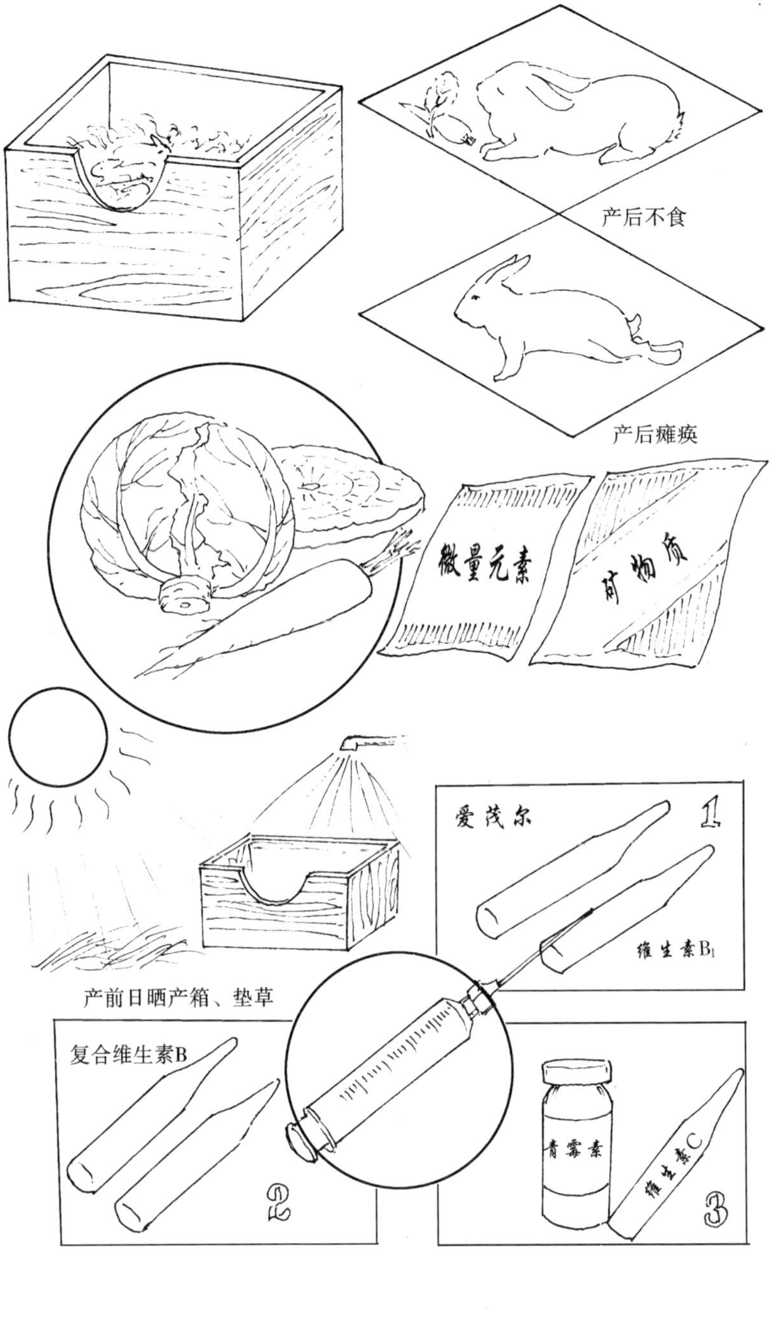
产后不食
产后瘫痪
微量元素
矿物质
产前日晒产箱、垫草
爱茂尔
1
维生素B_1
复合维生素B
2
青霉素
维生素C
3

附录

（一）家兔的引种和运输

掌握了养兔技术，确定了饲养类型之后，还要注意种兔引种单位的选择和种兔运输问题。

（1）家兔引种单位的选择。要到品种优良、商业信誉好、技术服务完善、产品回收有保证的种兔场或兔业研究所引种。不要轻信一些打着××兔业开发公司高价回收的虚假广告宣传，以免上当受骗。到了某种兔场或研究所，还要了解其专业技术人员的基本情况，最好能看到其是否持有国家、省、市有关部门颁发的种畜禽经营许可证或科研单位资格证书，否则不要盲目引种。

（2）引种前的准备。必须建好兔舍笼具，并进行严格消毒，备好饲料、饮水，做好种兔接应工作。

（3）运输笼具。要求夏能通风换气，冬能保暖。一般种兔或商品兔的运输笼具都是专门制作的，竹子、花铁皮、木板均可。一般专用的大号运输笼规格是100厘米×70厘米×20厘米，用竹子或木板制作，中间和四角有立柱，在火车、汽车或飞机上可以垒放5层以上，每笼装兔子8~15只。小笼可用花铁皮、塑料筐、硬纸箱制作，规格一般为70厘米×50厘米×20厘米，每笼可装兔子5只左右。笼子装运前一定要严格消毒。

（4）运输时注意事项。夏季在夜间凉爽时运输，并备有防雨设施；冬季要在笼里加垫草，用布篷将车覆盖防寒，后部能通风换气。停车时要平稳，注意不要急刹车。若路途较远，还要备些块根饲料，途中休息时饲喂。

（5）一定要办好运输手续。如果购买运输的种兔或商品兔需跨省过县，要到当地畜牧动物检疫部门办理出县境动物检疫合格证明和动物及动物运输工具消毒证明，缺一不可。无论商品兔或种兔，其数量及运输车辆牌号要填写准确，并在有效期内运达目的地，以免在途中引起不必要的麻烦，因耽误时间而造成损失。

（二）家兔常用饲料营养成分表

养分 饲料名称	干物质 （%）	消化能 （兆焦/千克）	粗蛋白质 （%）	粗纤维 （%）	钙 （%）	磷 （%）	赖氨酸 （%）
玉米	85.0	14.36	8.8	1.6	0.08	0.18	0.22
大麦	88.5	12.44	11.1	4.9	0.03	0.31	0.53
小麦	86.10	13.60	14.6	2.40	0.05	0.32	0.33
米大麦	89.6	12.01	9.90	8.90	0.15	0.23	0.39
高粱	87.0	14.10	8.49	1.5	0.09	0.35	0.23
大豆	88.80	16.57	37.11	5.10	0.25	0.55	2.30
红薯干粉	89.10	14.45	3.10	2.31	0.34	0.10	0.14
豆饼	84.8	14.28	44.5	5.1	0.30	0.50	2.90
花生饼	89.6	16.50	41.0	8.0	0.33	0.58	1.60
葵花籽饼	89.00	7.61	31.5	19.8	0.40	0.40	1.13
棉籽粕	89.8	10.13	32.60	13.60	0.23	0.90	1.10
菜籽粕	89.80	11.45	41.40	11.80	0.79	0.98	1.11
小麦麸	88.4	10.59	14.4	9.4	0.03	0.48	0.60
大麦麸	88.0	12.39	15.40	5.11	0.33	0.47	0.32
米糠	89.3	2.76	6.2	36.8	0.36	0.43	0.21
干豆腐渣	97.10	16.30	27.45	13.55	0.22	0.26	1.45
花生秧粉	87.5	7.41	11.7	21.8	1.89	0.09	0.40
麦秸粉	90.07	6.2	5.7	40.0	0.28	0.03	0.15
大豆秸粉	88.3	6.3	7.7	32	1.0	0.07	0.39
红薯秧粉	88.0	5.23	8.1	28.5	1.55	0.11	0.28
玉米秆粉	88.8	2.30	3.3	33.4	0.67	0.23	0.05
干青草粉	90.6	5.49	8.9	30.8	0.54	0.25	0.31
苜蓿草粉	90.2	8.49	16.1	25.2	1.05	1.31	0.87
洋槐叶粉	90.30	10.00	18.10	11.20	2.21	0.21	1.35
紫穗槐叶粉	90.60	10.55	23.00	12.90	1.40	0.40	1.45
红薯	25.0	1.34	1.0	0.1	0.06	0.07	0.13
胡萝卜	10.0	0.39	1.2	1.5	0.05	0.01	0.06
胡萝卜缨	12.0	0.39	2.2	2.2	0.38	0.05	0.14
南瓜	15.6	0.67	2.0	0.6	0.04	0.02	0.02
大白菜	7.6	0.39	2.1	1.8	0.29	0.07	0.02
甘蓝叶	9.90	1.00	1.80	1.60	0.08	0.04	0.09

（三）兔场工作技术管理规范（参考）

（1）养兔场要建在远离铁路、交通干道、屠宰加工厂、农药化工厂及人口密集、声音嘈杂的地方。场地应地势高燥，排水良好，背风向阳。兔舍建筑要东西走向，坐北向南，通风透光。

（2）生产要专业化，种兔要优良化，设施要规范化，防疫要制度化，饲料要全价化，管理要科学化。

（3）养兔场要设立生产区和管理生活区，门口要建消毒池，谢绝不必要的参观。对必要的领导视察，记者采访、拍照、摄像，要先进消毒室严格消毒后方可进行，但不允许抓摸兔子，非饲养人员不得随便进入生产区。

（4）禁止在养兔场饲养猪、羊、鸡、鸭、狗、猫等其他畜禽。

（5）坚持早晚对兔舍的巡视制度，发现异常情况及时查找原因解决。

（6）合理安排兔场的繁殖、生产及销售计划，做好兔场的饲料采集、加工和储备工作，加强兔场安全防卫。

（7）坚决执行种兔交配、母兔分娩、仔兔护理、断乳分群及防疫的制度原则，保证兔群健康出栏。

（8）认真贯彻执行国家畜禽防疫条例，搞好兔场系列防疫，适时注射各种疫苗；兔舍粪尿要勤清扫并堆积发酵；食具要勤刷洗并烈日曝晒；换下的垫草要及时焚烧。

（9）坚持每月2~3次的消毒制度，严格按照各类消毒药的使用说明和配比浓度使用。兔场用具要专管专用，不乱拿乱放，机动车辆严禁进入生产区。

（10）种兔场生产严禁近亲交配、双重交配和杂交繁育，认真做好配种和产仔记录，建立严格规范的种兔系谱档案。

（11）坚持严格的隔离检疫制度，不从疫区引进种兔，新引进的种兔必须隔离观察检疫，经1个月后确系健康无病，方可入群配种使用。已调出的种兔严禁再送回兔舍，种兔场严禁对外配种，人工授精除外。

（12）养兔场要保证“四稳定”：一是饲养管理人员稳定；二是饲料配方稳定；三是饲喂时间稳定；四是生态环境稳定。

（13）养兔场要做到“六不喂”：一是已污染的脏料不喂兔；二是来源不明的草料不喂兔；三是发霉变质的草料不喂兔；四是夏季的剩料不喂兔；五是有毒的草料不喂兔；六是带冰霜、露水的草料不喂兔。

（14）严禁在生产区解剖或宰杀兔子，病死兔子要深埋或焚烧，污染场地要严格消毒。

（15）保持兔舍安静，各车间饲养人员不互串兔舍，不在兔舍大声喧哗、酗酒、打架斗殴。

（16）饲养人员外出要请假，回场后要及时消毒，穿戴专用鞋帽工作服工作。爱护公物，节约水电，笼具损坏及时修理，按时关灯作息。

（17）不断改进饲养方法，改善饲料供应，建立良种繁育体系，开展家兔良种测定工作，防止良种退化，提高品种质量。

（18）建立健全学习制度，不断提高饲养管理人员的业务技术水平。

（19）要有专业人员负责兔场的日常生产管理及各项记录统计工作，监督兔场综合生产防疫等工作的实施和执行情况，做好月、季、年终总结，及时向上级汇报。

（四）兔场工作使用表格（卡）

为了便于饲养管理，考察种兔繁殖生产情况，做到种兔防疫、接种、治疗健康心中有数，制定表格记录在案很有必要。认真记录填写各类表格，不但可以使兔场日常工作管理一目了然，也便于以后查找利用和总结。

1.种兔血统卡片

种兔血统卡片主要记录种兔的血缘关系。种兔场出售种兔时，必须一兔一卡认真填写，交引种单位或个人保管备查。

2.母兔个体配种生产卡片

母兔个体配种生产卡片是一张详细记录母兔全年产仔情况的卡片，母兔每产一胎都要将与配公兔号及产仔数量产仔日期填写清

种兔血统卡片

<table>
<tr><td colspan="2">品种</td><td>性别</td><td>耳号</td><td colspan="2">产地</td><td>出生年月</td><td>备考</td></tr>
<tr><td colspan="2"></td><td></td><td></td><td colspan="2"></td><td></td><td></td></tr>
<tr><td colspan="8">血统</td></tr>
<tr><td colspan="4">父</td><td colspan="4">母</td></tr>
<tr><td colspan="4">耳号
产地</td><td colspan="4">耳号
产地</td></tr>
<tr><td colspan="2">祖父</td><td colspan="2">祖母</td><td colspan="2">外祖父</td><td colspan="2">外祖母</td></tr>
<tr><td colspan="2"></td><td colspan="2"></td><td colspan="2"></td><td colspan="2"></td></tr>
<tr><td colspan="2">耳号
产地</td><td colspan="2">耳号
产地</td><td colspan="2">耳号
产地</td><td colspan="2">耳号
产地</td></tr>
</table>

种兔场母兔个体配种生产卡片

耳号__________ 品种__________ 出生年月__________

配种时间	第一次	第二次	第三次	第四次	第五次	第六次
与配公兔耳号						
分娩日期						
产仔数量						
母兔卡片编号						
备　　注						

种兔母仔记录卡片

品种		笼号		产仔日期	
耳号		产箱号		产仔数量	

母兔配种产仔记录表

20　　年　　月

笼号	品种	母兔耳号	与配公兔号	配种日期	产仔日期	产仔数	成活数	记录

楚。从此卡中可以考察每只母兔的生产成绩和性能。

3.种兔母仔记录卡

种兔母仔记录卡是一张便于在母兔繁育工作中方便管理和哺乳的卡片。母兔每产一窝即随检查填写，一式二份，一张贴在产仔箱上，一张贴在所产母兔的笼门上。认真记录产箱号、笼位号、母兔号及产仔数量、产仔日期，以便在母兔定期哺乳时不至于将产箱放错。

4.母兔配种产仔记录表

这是兔场负责种兔繁育生产的饲养技术人员每天必用和认真填写的表格，是以后查找种兔档案的原始资料，每交配一只种兔或每产下一窝仔兔，饲养员都要随时认真填写。记录母兔耳号与配公兔耳号、配种日期、产仔日期、产仔数量、成活只数等。

5.兔场每日增减记录表

主要记录兔场每日生产、销售、宰杀、出栏及死亡情况，每晚记录一次，月底便可从此表中对本月生产出售及存栏有所了解。

6.种兔防疫记录表

种兔防疫记录表记录全场兔群疫（菌）苗接种情况、接种只数、疫苗种类、注射方法及剂量等，有了该表，可以确定下次防疫时间，做到心中有数，避免遗漏。

7.种兔健康巡视记录表

种兔健康巡视记录表用于饲养管理人员坚持早晚巡视制度中对兔群发生的异常表现及发病治疗情况、使用药物的记录，从中可以总结出一套成功的兔病治疗经验。

兔场每日增减记录表

记录：　　　　　　　　　　　　　　　　　　　　　　20　　年　月　日

月	日	原存只数	增加数					减少数							现存只数
			购入	生产	转入	其他	合计	售出	淘汰	宰杀	转出	死亡	其他	合计	
	1														
	2														
	3														
	4														
	5														
	6														
	7														
	8														
	9														
	10														
	11														
	12														
	13														
	14														
	15														
	16														
	17														
	18														
	19														
	20														
	21														
	22														
	23														
	24														
	25														
	26														
	27														
	28														
	29														
	30														
	31														

种兔防疫记录表

饲养员：

防疫日期		兔号	性别		日龄	使用疫苗	用量（毫升）	注射部位	反应情况
月	日		♂只	♀只					

种兔健康巡视记录表

20　年　月　　　　　　　　　　饲养员：

月	日	笼号	发病兔号	性别	症状	治疗措施	用药情况	康复情况

作者简介

庞本 曾任开封市高尚兔业技术研究所所长，诗人作家，高级农技师，从事养兔技术理论研究48年，出版科技著作8部，其中《实用养兔手册》《实用养兔技术图说》独具风格，自成一体，被评为国家百千万科普工程优秀原创科普作品，多篇论文获国家行业论文一等奖和特等奖。曾任中国农民大学养兔专修班主讲教师，用理论与实践相结合的教学方法，在全国各地举办养兔培训班和专修班300余场，培训1万多人次，为社会培训了大批养兔技术人才和管理人才。2008年获“全国科普惠农兴村带头人”荣誉称号；2013年获“中国兔业突出贡献奖”；2020年获“中国老科协奖”。任开封市开封县（现祥符区）政协委员37年，多年被评为优秀政协委员。研制成功的兔病克星PB一号、PB二号兔用添加剂，被评为河南省科普成果一等奖。对中国兔文化研究颇具建树，《兔业大发展，文化更灿烂》《中国兔文化的力量和影响》被评为养兔行业有奖征文特等奖；《谈中国兔文化的传承发展与创新》被誉为最具有影响力的文章；成功地挖掘整理了开封历史名吃风干兔肉和五香兔肉的加工工艺及配料秘方。曾任中国畜牧业协会兔业分会理事、中国兔业协会副秘书长、《中国兔业》报副主编、《中国兔业三十年》副主编兼编审、河南省兔业分会副秘书长与专家团首席顾问，被称为中国兔业界最具有实践经验的专家之一。

刘科 动物遗传育种与繁殖博士、高级畜牧师。现任广东省医学实验动物中心办公室主任、科教负责人，兼任五邑大学校外导师、广东省实验动物许可证评审专家、广东省科技计划项目评审专家、广东省实验动物学会理事。长期从事动物遗传育种与繁育研究及实验动物科技工作，在实验动物繁育、疾病动物模型研究、动物设施建设方面积累了丰富的经验。主持、参加国家自然科学基金、广东省科技计划、广东省医学科研基金等项目20多项。主持制定中国实验动物学会团体标准1项，参与编制团体标准3项，授权专利2项，发表期刊论文30多篇。

林峰 博士、硕士生导师，教授，现任河南农业大学动物科技学院教授，河南省畜牧兽医学会动物繁殖学分会副理事长兼秘书长，从事草食动物繁殖与胚胎工程研究。

马秀芹 20世纪末在郑州中州兽药厂工作，后到开封县种兔场工作，至今已从事养兔技术理论研究28年。作为第二主编，参与编写《实用养兔手册》第2版和第3版，《实用养兔技术图说》第2版和第3版的编写工作，并获得国家百千万科普工程优秀原创科普作品。主持研发的兔病克星PB一号幼兔添加剂、PB二号成兔添加剂获河南省科普成果一等奖，现任开封市高尚兔业技术研究所所长，主要负责新西兰兔的育种及兔用药物添加剂的研发推广工作，研发的“兔癣克星”鼻炎净已在全国推广并广受好评。